SECRETS OF THE OCTOPUS

ウィルソン・メナシの思い出に

神秘なる

オクトパスの世界

Sy Montgomery
サイ・モンゴメリー

定木大介 訳
池田譲 日本語版監修

血液中の色素、ヘモシアニンで青く染まったタコが、
氷点下の南極海をジェット推進で泳いでいく。

NATIONAL GEOGRAPHIC

二枚貝の殻の中に身を隠すメジロダコ（*Amphioctopus marginatus*）。

目次 | CONTENTS

モザンビーク沿岸とマダガスカル島の間に浮かぶマヨット群島の海で、春の陽光を浴びるタコ。

群生するウニをベッド代わりに休む
サザン・レッド・オクトパス
(*Enteroctopus megalocyathus*)。
アルゼンチンのロス・エスタードス島で撮影。

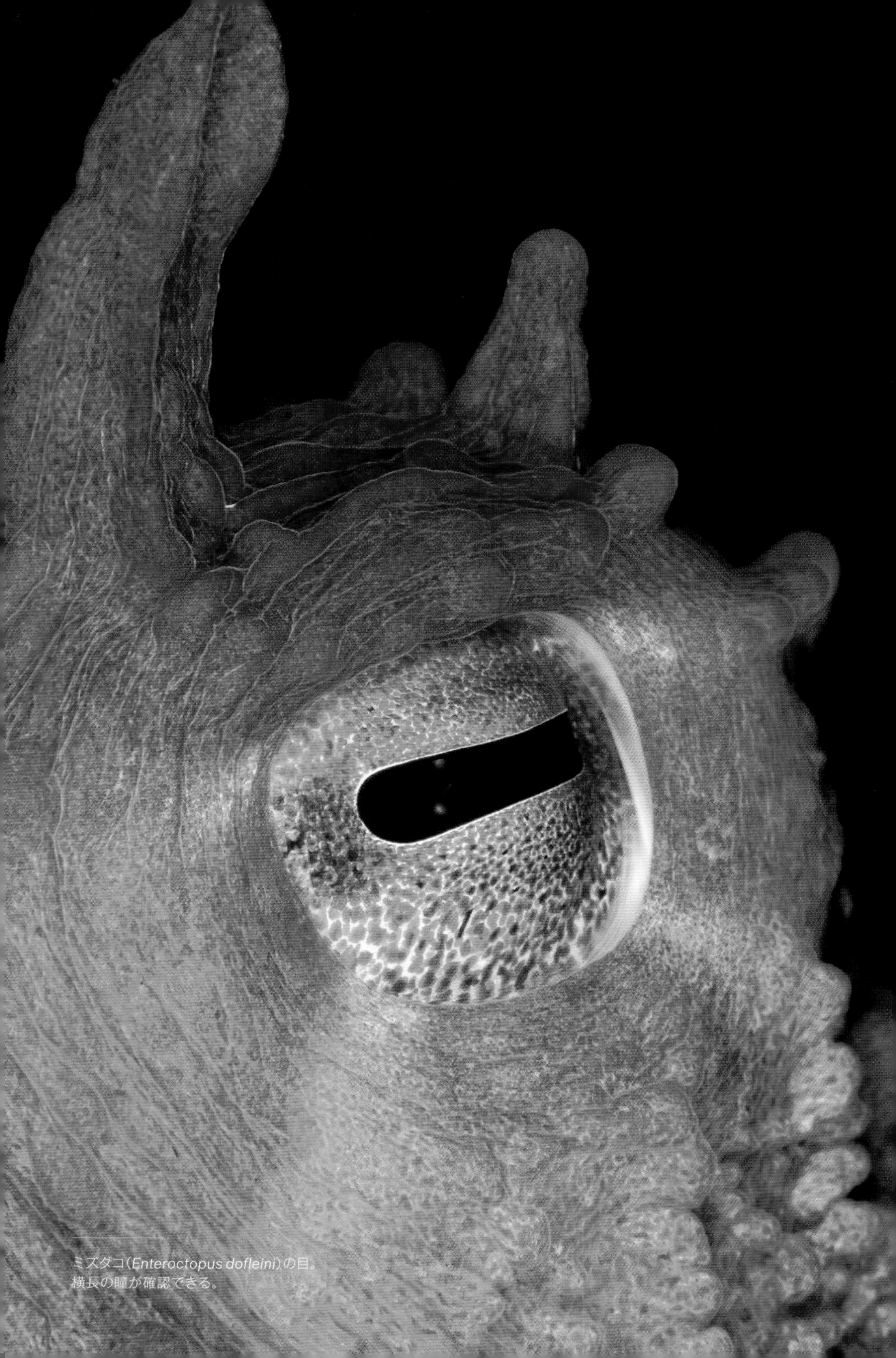

ミズダコ(*Enteroctopus dofleini*)の目。
横長の瞳が確認できる。

序文

アレックス・シュネル博士

私は物心ついたときから海に魅せられていたが、のちに海洋生物学者になるきっかけとなるほど心をつかまれたのは、あるタコとの出会いだった。その日、空は晴れ渡り、海はまるで鏡のようだった。まだ5歳だった私は潮だまりの中に何がいるのか探ろうとしていたが、水面に映る自分の姿に邪魔され、なかなか水中を見通すことができなかった。それでも、ヒトデやヤドカリ、タマキビなどを探すため、やみくもに手を動かした。ふと、柔らかくすべすべした何かが指に触れた。ナマコだろうか？　指先から伝わる感触は奇妙だった。得体の知れない生き物が明らかな好奇心とともに私の肌をまさぐっている。小さな吸盤が私の手のひらを愛撫するように優しくなでていた。今にして思えば、これが私たちのファーストコンタクトであり、私のE.T.体験——異なる世界にすむ好奇心旺盛な生物同士の出会いだったのだ。

私はゆっくりと水から手を出し、生き物の腕を視界に迎え入れた。私の手のひらに横たわっていたそれは骨のない小さな手足で、色は赤みを帯び、何百もの吸盤が並んでいた。もっと知りたいと思った私は、目を細めたり凝らしたりしながら、水底を透かし見ようとした。すると、ステレオグラムの絵に隠されたイメージのように、奇妙な形が見えてきた。私の手の中にある腕は、オレンジ大の水風船のようなものから生えているようだ。依然として生き物の正体がつかめなかったので、私は何か見覚えのあるものはないかと目を凝らした。そして、水風船のてっぺんに、2つのひときわ大きな目がついていることに気づいた。独特かつ端正な造りの顔から私を見上げているのは、タコ特有の四角い瞳だった。

私の手を調べようとでもいうのか、さらに2本の腕が伸びてきた。その刹那、魔法のようにタコの肌の色、質感が変わった。鮮やかな変化は私の幼い想像力を楽しませてくれたが、もっと深い意味が潜んでいることを学んだのは、ずっとあとのことだ。このようなタコの皮膚の変化は、人間が顔をしかめたり、笑ったり、赤面したりする感情表現に似ている。あのタコは面白がっていたのか、戸惑っていたのか、驚いていたのか。それとも、まったく別の感情を抱いていたのだろうか？（タコがそのような感情を持つことを示す有力な証拠がある）

その日、海は私に秘密を1つ明かしてくれた。海の住民の中でとびきり奇妙で神秘的な生き物は、旺盛な好奇心の持ち主でもあったということだ。生まれながらに孤独で、凶暴かつ知的な捕食者でありながら、まったく異質な生き物（私）と進んで触れ合うほど探究心に富んだ野生のタコが、そこにいたのである。

最初の交流以来、私はさまざまなタコと遭遇する幸運に恵まれた。どの出会いも思い出深く、素晴らしく奇妙で、驚くほど捉えどころがない。人間とは別の知性に巡り合ったという感慨深さに浸ることもしばしばだ。そしてその都度、得られる答えよりも多くの疑問が湧いてくる。

私だけではない。タコと出会った人々はしばしば「親密でありながら奇妙で、タコの秘密をもっと明らかにしたいという気持ちをかき立てられる体験だった」と語っている。

本書はタコという不思議な動物の生態に迫る1冊である。米国のナチュラリストで頭足類マニアでもあるサイ・モンゴメリーは、この魅惑的な本を通じて、タコの驚くべき習性と、個体ごとに異なる奇妙な振る舞いを解き明かしてくれる。

まずは、タコの皮膚が織りなす魔法について学ぶ“視覚の旅”から始まる。タコは洗練された擬態能力を備え、トゲの塊のようなサンゴや、藻類のでこぼこ、あるいは何の変哲もない砂地に似せて、瞬時に姿を変えることができる。種によっては、ほかの動物の形や動きを擬態して、一段上のレベルのカムフラージュを行う変装の名手もいる。

本書で最も驚かされるのは、そのあとに続く“感情の旅”だろう。モンゴメリーは科学と逸話を融合させながら、彼女自身やほかの人々の経験を語っていく。その話術によって、読者はタコが自分たちの世界をどのように体感しているのか、何が彼らを突き動かしているのかを想像でき、なおかつ、タコにも人間同様、個体ごとに違う性格や特質があるのではないかと思いをめぐらすことができる。また、さまざまな物語を通して、この軟体動物がほかの高い知能を持つ生き物、ひいては人間と意外な類似点を持つことが分かるはずだ。

本書に登場するタコは、通常カラス、チンパンジー、クジラ、ゾウといった大きな脳を持つ鳥類や哺乳類に特有のものと考えられがちな特徴を示してみせる。具体的には、道具を使い、遊び心のある行動を取り、さまざまな経験から学習するだけでなく、異種の動物たちと驚くべき協力関係を結ぶことさえある。

しかし、科学的思考の染みついた私を最も驚かせるのは、タコと人間の間に結ばれる関係性だ。この軟体動物はたいてい私たちの数分の一の大きさしかなく、身を守る殻も持たない。それにもかかわらず、生来の好奇心と人間に対する関心が、しばしば恐れや不安を上回るように見えるのである。

アリストテレス（紀元前384年～322年）や大プリニウス（紀元後23年～79年）など初期の博物学者は、タコの好奇心旺盛な性質を考察し、彼らを愚かで単純な生き物と見なしていた。しかし、クジラやイルカが同じように人間への好奇心を示しても、馬鹿にされることはなかった。このように、長らくタコが私たち人間の共感を得られなかったのは、鯨類に比べて体が小さかったり、解剖学的に奇妙だったりしたせいなのだろうか？　それとも、ほかに何か理由があったのだろうか？

私たちの惑星には何百万もの多様な種が生息している。そのすべてが人間の感情を強く揺さぶるわけではない。共感や哀れみの気持ちは、自分たちに近い種であるほど高まるようだ。人類から系統学的に遠い種は、ポジティブな感情をあまり呼び起こさせない傾向がある。

研究によれば、私たちの共感的知覚は、それぞれの種に関する知見によって変わってくるという。人類の系統から遠く離れた動物種が、かつて考えられていた以上に私たちと似ていることが、科学的発見によって証明されてきた。例えばミツバチは道具を使うし、ロブスターは痛みを感じる。ホンソメワケベラという小さな青い魚は、鏡に映る姿を自分だと認識しているように見える。

多種多様な動物の知力に関するこのような発見は、私たちの視点を転換させてくれる。「他者性」という障壁を取り除き、異なる生命体と心を通じ合うことを可能にするからだ。

私はこの視点の転換を、革命的な変化だと考えている。ニコラウス・コペルニクスによる1543年の発見が、人々の世界観と世界における自身の位置づけを一変させたのと同じだ。何世紀もの間、私たちは地球が静止点であり、その周りを太陽や月、星、惑星が回っているものと信じていた。しかしコペルニクスは、宇宙の中心を地球から太陽に置き換える詳細な代替案を発表した。彼の発見は視点の革命的転換をもたらした。そして地球は宇宙の中心から退けられ、近代天文学が誕生したのである。

私たちは今、同じような革命の入り口に立っているのだ。人類だけが高度な知能を持つわけではないことに、私たちは気づいている。認知的、感情的な洗練の表れは私たちの周囲にあふれているし、最も意外な存在の中にさえ見て取れるのだ。こうした視点の大きな転換は、多様な動物の知力に対する根本的に新しい理解をもたらし、タコのような動物に対する考え方、さらには接し方をも変えさせていく。

タコの秘密が明らかになればなるほど、私たちはより深い共感と思いやりを抱くことができる。ひいては、あの謎めいた生き物とその壊れやすい生態系を守る必要性を痛感するだろう。本書は、変革の旅のガイドとして申し分のない1冊である。

雌のブランケット・オクトパスの
全長は1.8メートルにもなる。
腕の間に傘膜（さんまく）を広げるのは、
捕食者を威嚇するためだ。

PROLOGUE

モンスターから
スーパーヒーローへ

From Monster to Superhero

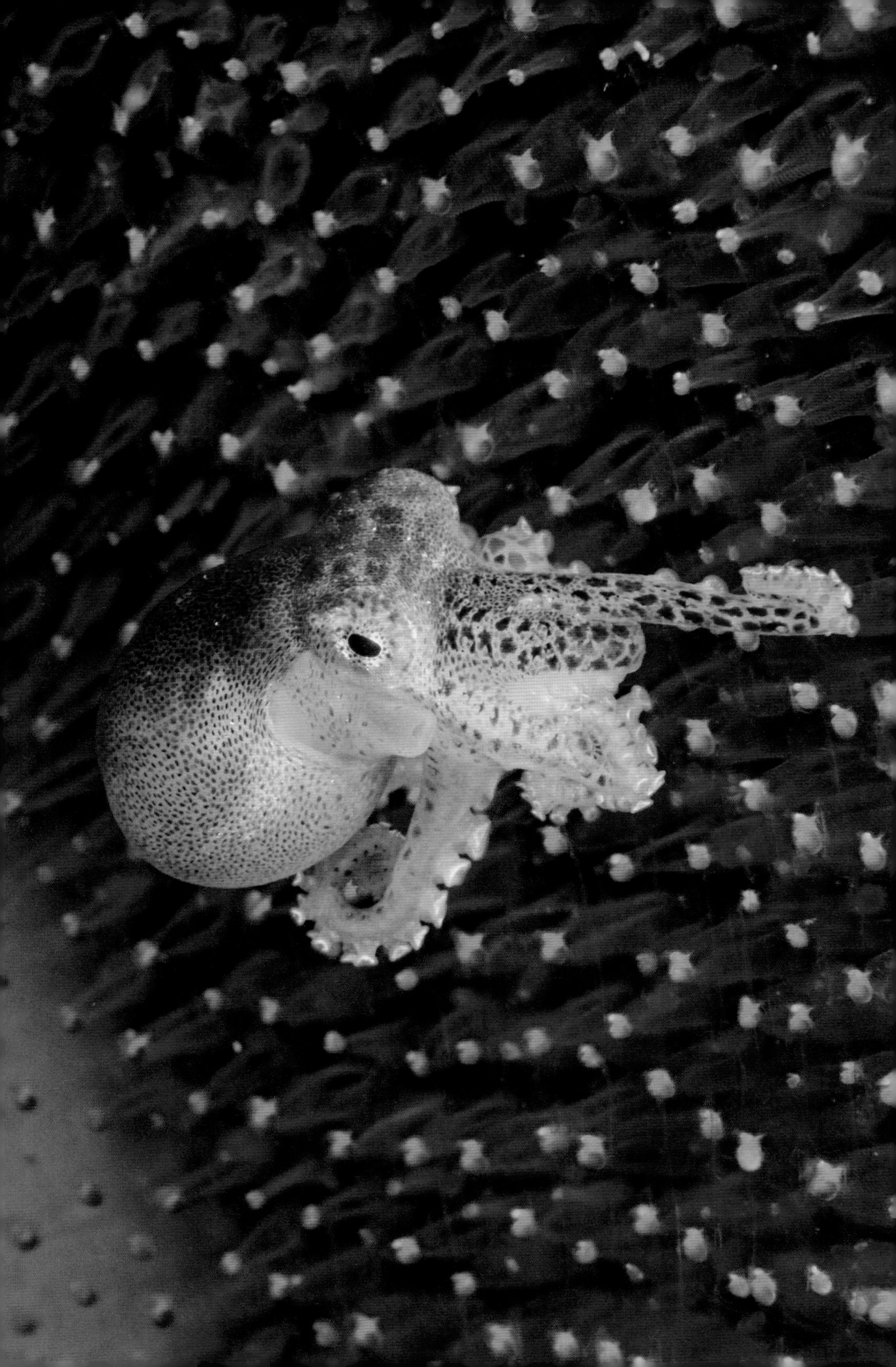

アテナは、私がそれまでに会った誰とも違っていた。

彼女はおとなだったが、身長はせいぜい120センチ、体重は18キロしかなかった。ほかにも、普通でないところがいろいろあった。彼女は体の色や形を変えたり、肌で味を感じたり、毒のある唾液を出したり、墨を吐いたり、頭の横の水管（漏斗）から水を噴射したりすることができた。おまけに、その骨のない袋状の体で、オレンジの直径ほどしかない穴でも通り抜けることができた。頭も、私たちのように胴体の上についているわけではない。そこは、呼吸や消化や生殖のための各器官を収めた外套膜（がいとうまく）という部位で占められていた。では、頭はどこにあるかと言うと、普通なら胴体があると思われる場所にあった。そして、口は腕の付け根にある。

アテナはミズダコ（*Enteroctopus dofleini*）である。

私とアテナが初めて対面したのは、ボストン、ニューイングランド水族館のシニアアクアリスト（上級飼育員）、スコット・ダウドが水槽の重い蓋を開けたときだった。私は低い踏み台に登り、水面に身を乗り出した。タコは興奮のあまり斑点のある茶色から鮮やかな赤へと体色を変え、岩だらけのねぐらから液体のように体をあふれ出させた。きらきら輝く銀色の目の1つが私を見つけ、8本の腕がわらわらと水面へ伸びてくる。私はスコットの許可を得ると、水温8℃の冷たい塩水に両腕を差し入れ、アテナの柔らかく白い吸盤が私の肌を探るように包み込むのに任せた。彼女は私を味わい、同時に私を感じていた。

たいていの対人関係は、もっと遠慮がちに始まるものだ。もし誰かが、まだそれほど打ち解けていない段階で私を“味わい”始めたら、私はきっと警戒しただろう。

また、誰もがタコに抱擁されて喜ぶわけではないだろうとも思った。

水は冷たく、アテナの肌はぬるぬるしている。しかも彼女は毒を持つ生き物なのだ。そして私はすぐに気づいた。帰宅したとき、腕がキスマークだらけな理由を夫に説明しなければならないことに。

それでも私は、危ないとも怖いとも思わなかった。むしろ、高揚感に包まれていた。

左ページ：フランス領ポリネシアのラパ島に多く生息するこのタコは、地元では「フェエ・モトチ（毒のあるタコ）」と呼ばれている。体長はわずか10センチしかない。

アテナは私を迎え入れてくれたばかりか、頭に触るのも許してくれた。彼女がそれまで、よそ者には一度も許さなかったことだ。そして、彼女が私を味わい、私が彼女をなでているうち、アテナの体色が再び変化した。私の指の下で白くなったのである。のちに知ったことだが、それはタコの気分が落ち着いているしるしだった。

出会いのひととき、私とアテナがお互いを知ろうとしていたことは明らかだった。驚いたことに、私が彼女に興味津々だったように、アテナも私に興味津々だったのだ。

「でも、タコってモンスターじゃないの？」翌日、アテナとの出会いについて話したとき、人間の友人ジョディー・シンプソンが放った言葉だ。私たちはそれぞれの愛犬を伴い、森を散歩していた。ジョディーはさまざまな動物と良い関係を築いている。プードルを2匹、ネコを1匹飼っているのに加え、乗馬も得意だし、野鳥に餌をやるのも好きな人だった。

でも、タコでしょう？　タコとどんなコミュニケーションが取れると言うの？

実際、何世紀もの間、西洋文学はタコを海の悪魔として描いてきた。紀元77年頃、ローマの思想家で軍の司令官でもあった大プリニウスは著書『博物誌』の中で、「水中で人間を死に至らしめるのに、これほど残忍な動物はいない」と書いている。「なぜなら、タコはもがく人間に巻きつくと、吸盤で吸いつき、引っ張る力で八つ裂きにしてしまうのである」。タコは私たち人間とあまりにも異なる生き物だ。種によっては相当な大きさに成長するし（最大級になると、成体の体重は136キロを超える）、すさまじい怪力の持ち主でもある（ミズダコの大きな吸盤は1つで16キロ以上の重さを持ち上げられ、そんな吸盤を全部で1600個も備えている）。それだけに、彼らが人間を（少なくともタコをよく知る機会のない人間を）怖がらせ、混乱させてもおかしくはない。

プリニウスの時代から2000年近くたつ現代でも、ジョン・ウィリアムソンという一昔前の映画人などは、タコがいかに忌まわしい生き物であるかを切々と訴えた。「人食いザメも、毒牙のある巨大ウツボも、どう猛なオニカマスも、タコに比べれば無害だし、無邪気で友好的で、魅力的にさえ見える」と彼は書いている。「暗く謎めいた巣穴から、まぶたのない大きな目でじっと見つめられたときの、肌が粟立つような恐怖は筆舌に尽くしがたく（中略）その凝視に肝が縮む思いがし、冷たい汗が額に玉を作るのだ」

私にそんな反応は起こらなかった。私はアテナとの接触を喜んで受け入れた。彼女の体を覆う粘液は滑らかで、しっとりしたカスタードのようだった。肌は柔らかく、吸盤の感触は軽いキスを思い出させた。色が変わる皮膚、花嫁衣裳のように白い吸盤、油断のない目つき、流れるように優雅な動き……それらのすべてが異質な美しさで私を感嘆させた。

私はアテナの異質さに魅せられたのである。動物の基本的な分類のほとんどすべてにおいて、私たちは正反対の生き物だった。アテナが胚の段階でまず口を形成する前口動物であるのに対し、私は最初に尾部を形成する後口動物だ。アテナは骨を持たない無脊椎動物だが、脊椎動物の私は骨格によって体を支えている。アテナは水生で、私は陸生。つまりアテナは水を吸い、私は空気を吸う。彼女の種と私の種が最後に共通の祖先を持ったのは5億年前のことで、当時はみな1本の管のような生き物だった。

しかし、私は思いもよらない共通点にも衝撃を受けた。分類学上の大きな隔たりにもかかわらず、人とタコは心を通わせられるように思えたのだ。もしかしたら、友だちにもなれるかもしれない……。そんなことを考えていると、やおらアテナが私を水槽に引き込み始めた。

タコは、人間で言えば上腕二頭筋ではなく舌のような筋静水系構造を備えている。ある試算によれば、アテナの大きさのタコは自分の体重の100倍——つまり約1800キロの力で引っ張られても、抗うことができるという。かたや私の体重は57キロしかない。それでも、やはり怖くなかった。彼女から何の悪意も感じなかったからだ。アテナの引っ張り方は、執拗だが優しかった。食べられるという不安はなかった。タコのくちばしは腕の付け根にあり、毒腺もそれに隣接していて、どちらも私を引っ張る腕の近くにはないことを知っていたからだ。アテナの粘り強い引っ張りは威嚇ではなく、いわば招待であり、私はそれを光栄に受け止めた。

アテナは私を完全に自分のすみかに引き入れることはできなかった。どのみち、私には無理だ。水槽は十分な広さがあったが、大部分は彼女が優雅に滑り込むいくつもの隠れ家であり、私の関節だらけの不器用な体が入り込む余地などない。しかも哺乳類の私には鰓(えら)がない。胚の段階で鰓を発達させたものの、胎児のときにそれを失い、代わりに空気を欲する肺を備えるに至ったのだから。

しかし、目の前にいる風変わりで美しく、好奇心旺盛な生き物は、違う意味で私を彼女の世界に引き込んだ。悲しいかな、タコは短命な動物である。ミズダコの寿命はたった3〜5年しかなく、私と出会ったときすでに、アテナは高齢だった。しかしその後の3年間に、私はアテナの後継者であるオクタビア、カーリー、カルマと知り合った。私は毎週のように水族館を訪れ、彼らを眺め、餌をやり、そっとなで、一緒に遊んだ。

彼らはみな、すぐに私を視覚で認識し、ほかの人間と識別するようになった。以前シアトル水族館で行われた実験により、タコには人間の顔を見分ける能力があることが証明されている。そして飼育員なら、人間と同じように個体差が大きいことをよく知っている。タコにも好悪の感情があり、人間の中にも好きな相手と、何らかの理由で嫌いな相手がいる。私の親友で、ライオン、イヌ、シカ、オオカミを研究してきた動物通のリズ・トーマスは、オクタビアが明らかに好まない相手の1人だった。私が両者を引き合わせたとき、驚いたことにオクタビアはリズに触れられるやいなや後ずさりし、二度と再び彼女に近づこうとしなかった。リズが喫煙者だったせいかもしれない。無脊椎動物は概してニコチンを嫌う。リズは事前に手を洗っていたが、それでも、皮膚の下を通う血液に含まれる有害物質をタコの味覚が感知したのだろうか。私が知り合ったタコたちがみな私を気に入ってくれたのは、ラッキーだったのだ。

私の知るタコはいずれも遊ぶのが好きで知的な個体だったが、性格はそれぞれはっきり違っていた。アテナの死後、後釜となったオクタビアは、最初こそ素っ気なかったものの、やがてとびきりの優しさと愛情を示してくれ、ついには忠実な友となった。あるとき、数週間の出張で留守にしたあと、久しぶりに水族館を訪ねると、彼女は並外れた熱意で私を迎えてく

右ページ： サメハダテナガダコ（*Octopus luteus*）の腕にはそれぞれ88個の吸盤がある。

れた。私たちは文字通り互いの腕に飛び込み、熱い抱擁を交わした。それから1時間以上もオクタビアは私を離そうとせず、ずっと顔を覗き込んでいた。まるで、長い間離れ離れになっていた友人を抱きしめるように。いっぽう、オクタビアより小柄で年少のカーリーは気性が荒く、水槽の裏に設置された、たるの中で暮らしていた。私も飼育員たちも、カーリーが入っている容器の蓋を開けるやいなや魚を手渡すよう、彼女にたたき込まれた。少しでも食事が遅れると、漏斗(ろうと)（タコが海中をジェット推進するために使う、頭の横にある柔軟な管）から、凍るほど冷たい塩水を顔に吹きかけられるのだ。

オクタビア亡きあと、その後継となったカルマは、可愛らしく、優しく、愛情深いタコだった。体色がとても魅力的だったので、私の友人で水族館ボランティアのウィルソン・メナシなどは、人間の女性と幸せな結婚生活を送っていたにもかかわらず、カルマに恋心を抱いているように（私には）見えた。

2015年に上梓した本の中で、私はタコとの友情について書いた。ただし、『The Soul of an Octopus』というタイトルに引っかかりを感じる読者もい

たようだ（邦題は『愛しのオクトパス』。小林由香利訳、亜紀書房）。タコに魂があるだって？　そもそも、多くの科学者や哲学者は魂というものを信じていない。人間には意識すら存在せず、それは存在の無意味さと折り合いをつけるためにでっちあげられた概念に過ぎない、と考える人もいる。タコは軟体動物であり、脳を持たない貝の親戚なのだから、彼らに魂や人格や思考や記憶や感情があるかのように語るのは、動物を擬人化したり、子どもが人形を本当に生きているように扱ったりするのと同じで、とかく人間以外の生き物に人並みの感情があると考えがちな、私たちの誤った性向の産物に過ぎない——そんなふうに言う人もいる。

この人たちは誤解している。確かに、自分の感情を動物や他人に投影するのは安易なことだ。その過ちを犯したことのない人などいないだろう。私たちは大切な友人へのプレゼント選びを間違えたり、面白いと思って口にしたジョークがまるでウケなかったり、デートに誘って断られたりする。それと同じように、動物たちが私たちと同じ視点を持っているとは限らない。もし人間と同じなら、魚は水から上がろうとするだろうし、ペットのイヌが居間のカーペットの上に座り家族に囲まれながら臆面もなく自分の陰部を舐めることはないだろう。動物は、たんに毛皮や羽毛やウロコをまとった人間ではないのだ。私はライオンのように歯や爪で獲物を殺す必要はないし、ハゲワシと違って侵入者を撃退するため強酸の胃液を吐きかけることもない。

しかし、「動物は思考や感情とは無縁な、自動人形に過ぎない」という考え方は、プリニウスの『博物誌』と同じくらい時代遅れである。そのことを、行動科学者たちは次第に認識するようになっている。プリニウスにしても、タコを下等で愚かな生き物と思いこそすれ、心がないとは思っていなかったし、思考するのは人間だけだとも考えていなかった。そうした思い込みが広まるのは、後世フランスの哲学者ルネ・デカルトが「我思う、ゆえに我あり」という有名な命題を世に問うた1637年以降である。チンパンジーは道具を作るほど賢く、個々に名前をつけるのにふさわしい個性を持つとしたジェーン・グドールの発見は、精神的経験を人間の専売特許とする既成概念を覆した。以来、私たちの多くが昔から知っていたこと——

ゾウやイルカからミバエやイカに至るまで、動物は考え、感じ、知っているということを裏付ける科学的データが積み重ねられてきた。それはタコにも（おそらくタコにこそ）当てはまる。

タコと関わりを持つようになった当初、私は何の期待も抱いていなかった。タコについてほとんど何も知らなかったし、octopiという間違った複数形をずっと使っていた自覚さえなかったほどだ（iは複数形を表すラテン語の語尾だが、octopusはそもそもギリシャ語由来の言葉）。そんな初心者の私でも、タコたちには何度も何度も驚かされた。

『愛しのオクトパス』で描かれたアテナの明らかな好奇心、オクタビアの献身、そしてカルマの優しさに関するエピソードは、世界中の読者の共感を呼んだ。カーリーが水槽の蓋の小さな穴から脱走を試みて死んだくだりで涙したと、何十人もの読者が手紙をくれた。驚いたことに、ほとんどの人が水族館以外で見る機会がないであろう海産無脊椎動物の本が、刊行から数週間で全米ベストセラーになった。そして、自然史の本にはめったに与えられない権威ある文学賞の最終候補にもなり、十数カ国語に翻訳された。

ニューヨークでは、当時27歳のウォーレン・カーライルが本の中のアテナ、オクタビア、カーリー、カルマに出会った。彼は7歳の頃からタコに憧れていた。「この素晴らしい動物の驚異に、世界がまだ気づいていないことが信じられませんでした」と言う。彼にとってタコは怪物や悪役ではなく「海のスーパーヒーロー」だった。本を読み終えたとき、心に誓った。「この信じられない生き物の物語を世界中に伝え、彼らが生態系に与える影響を世に知らしめ、タコというレンズを通して海への愛を育んでいこう」と。

当時、有名ファッション写真家のスタジオマネージャーとしてニューヨークで働いていたカーライル（現在はブランドマネジメントの代理店を経営）は、自分にはタコの認知度を高めるスキルがあることに気づく。そして2015年12月、オンラインのタコ愛好家クラブにして教育組織でもあるOctoNation（タコの国）を立ち上げる。その“国”の膨大なリソースを活用して書き下ろし、本書に寄稿してくれたのが、巻末のオクトプロファイルである。

紅海のグバル島近くで取っ組み合う
2匹のワモンダコ(*Octopus cyanea*)。

現在、OctoNationには博士号を持つタコの専門家が7人在籍し、すべてのSNSを合わせた会員数は100万人を誇る。タコに関する科学的なニュース、世界がまだ見たことのないタコの写真や動画、各種のタコに関する広範な背景説明、人間とタコのふれあいの物語、カンファレンス、世界中の水族館を見学できるバーチャルツアー、子ども向けの特設ページなど、盛りだくさんなコンテンツをそろえたOctoNationは、今年だけで5億人に閲覧された。

カリフォルニア州モントレー湾水族館研究所（MBARI）の上席専門研究員、クリスティン・ハファード博士も「タコは今、旬を迎えています」と認める。この言葉には重みがある。博士はタコの研究に20年を費やしてきたが、初期には数々の観察結果を一部の指導者に否定されていたからだ。その中には、一部のタコが2本の足で直立歩行するという驚くべき発見も含まれている。また、タコのまったく新しい種と、タコ同士の社会的ルールにつ

いて研究した同僚の画期的なレポートが、「誰もタコに興味がない」と考えた雑誌編集者によってボツにされ、その後何十年も日の目を見ずにいたことを、博士は忘れていない。

カーライルもまた、成長期に同じような悲しい目に遭っている。ニューロダイバーシティ（神経多様性）の子どもだった彼は、水族館で初めて見たときからタコに夢中だった。けれども、タコのおもちゃも、タコのアートも、タコの本も見つけられなかった。タコについてもっと知りたいという思いから懸命に探したが、悔しいことに、読むべきものは何も見つからなかった。「恐竜に関する本は何百冊もありました。絶滅して、今は存在すらしていないのに！　かたや、僕の大好きな動物のフィールドガイドは誰も書いていないなんて、あり得ない」。そして今ではOctoNationを通じて彼自身がその仕事に取り組んでいる。

カーライルがOctoNationを立ち上げようとしたとき、実の兄までがそのビジョンに首を傾げた。「絶滅しそうな動物を選ぶほうがいいのではないかと言われました。タコはニッチすぎるかもしれない、と」

かつては兄の言うとおりだった。しかし、状況は変わったのだ。

最初にアテナの水槽の蓋を開けてくれたスコット・ダウドが、私の本の出版祝いにタコの絵が描かれたマグカップという特別なプレゼントをくれたとき、私は感激すると同時に、「どうやって見つけたの？」と不思議に思ったものだ。スコットは、ほうぼう探し回って、ようやく手に入れたらしい。

今日、タコはいたるところにいる。2015年、ユニコード・コンソーシアムはタコの絵文字を追加した。OctoNationがOctoMerch.comで販売するタコのステッカーやぬいぐるみは大好評で、その売り上げがクラブの活動を支えている。さらには、テキサス州イーストオースティンの公園を6メートルの高さから見守る紫色のタコの彫刻「オチョ」、2018年に行われたインスタレーションでフィラデルフィアの工場用地ネイビーヤードの窓から突き出すように設置された青いタコの腕のインフレータブルアート、ミズーリ州ブランソン水族館にそびえる高さ17メートルのステンレス鋼のタコなど、パブリックアートのモチーフとしても人気だ。

左ページ：フィリピンのアニラオ沖を泳ぐブンダープス（*Wunderpus photogenicus*）。

今や頭足類マニアが好きなだけ吸盤に囲まれて暮らせる時代となった。タコの絵のマグカップやTシャツはもちろん、帽子、スカーフ、イヤリング、ネックレス、靴下、指輪、ノーズリング、トゥリング、手からハイヒールまであらゆるものに装着できるタコの触腕など、タコグッズを数え上げたらきりがない。オンラインストアには、マウスパッドから携帯電話のケースやスタンドまで、タコをモチーフにしたコンピューターアクセサリーが並んでいるし、それらをタコ形のバックパックに入れて持ち歩くこともできる。

シャワーカーテン、タオル、バスマット、タコ形のせっけんやトイレットペーパーホルダーなど、バスルームをタコのモチーフで統一するのも簡単だ。その気になれば、枕、ベッドカバー、鏡、コートラック、テーブル、椅子、ランプ、ブックエンド、シャンデリア、燭台、皿、ボウル、テーブルクロス、ナプキンとナプキンホルダー、カトラリー、グラスなど、家中タコだらけにすることも可能である（こう言い切れるのは、まさに私の家がそうだから）。

そして、タコをかたどったソファーに座り（実に、何種類も販売されている）、タコの装飾が施された本棚から、タコをテーマとする優れたノンフィクションの新刊を手に取ることもできる。私が著作のためにリサーチしていた頃も、ジム・コスグローブの『Super Suckers : The Giant Pacific Octopus and Other Cephalopods of the Pacific Coast』やジェニファー・メイザーの『Octopus : The Ocean's Intelligent Invertebrate』など、タコ関連の名著は何点か出版されていた。ただし、いずれも小規模な版元や学術出版社によるもので、広く流通しているとは言えなかった。ところが2016年、ダイバーで哲学者のピーター・ゴドフリー=スミスが上梓した『タコの心身問題』（夏目大訳、みすず書房）は、タコを例に意識の起源を太古の昔までさかのぼるという内容で、幅広い読者を獲得し、ベストセラーになった。アラスカの生態学者デビッド・シール博士がタコにまつわる驚くべき発見と冒険をつづった『Many Things Under a Rock』（2023年）も、同様の成功を収めている。

近頃では、タコが登場する小説もベストセラーリストのフィクション部

右ページ：アトランティック・ロングアーム・オクトパス
（*Macrotritopus defilippi*）の腕は、胴体の7倍の長さになることがある。

門に食い込んでいる。記憶に新しいところでは、未亡人と水族館のタコの交流を描いたシェルビー・バン・ペルトの『Remarkably Bright Creatures』（2022年）があるし、ドイツではドラッグストア王ディルク・ロスマンによるエコスリラー『Der neunte Arm des Oktopus（タコの9番目の腕）』が2021年のベストセラーリストに18週間以上ランクインした。うれしいことに、私もこの架空の物語に登場している。気候変動に関する国際協力を促進するため、ニューイングランド水族館でウラジーミル・プーチンにタコを紹介するという役回りで！　また、タコを主人公にした児童書も数多く出版され、私も2冊執筆した。

映画界においても、タコはもはや悪役ではなくヒーローとして賞賛される立場となった。ディズニーの『ファインディング・ドリー』に登場するタコのハンクは、色を変え、墨を吐き、ナンヨウハギのドリーを家族と再会させるべく、あれこれ策を凝らして人間を出し抜こうとする。この魅力的なキャラクターのおかげもあって、同作品は2016年の興行収入で世界3位につけ、アニメーション映画に限れば当時で歴代4位にランクインした。2019年に米国のPBSが放映したドキュメンタリー『Octopus: Making Contact』は最初の放送で190万人に視聴された。生態学者のシールがハイジというタコを家に招待するのだが、眠っているハイジがけいれんしたり、不意にびくっと動いたり、体の色を変えたりする様子は、まるで夢を見ているようで、そのシーンはインターネット上でバズった。続いて大ヒットしたのが、2020年にNetflixが配信した『オクトパスの神秘：海の賢者は語る』だ。フリーダイバーのクレイグ・フォスターが南アフリカの海に広がるケルプの森で野生のタコと1年間友情を育む様子を描いたドキュメンタリーで、2021年のアカデミー賞（長編ドキュメンタリー映画賞）を獲得した。

そして今、ナショナル ジオグラフィックの名作シリーズ『Secrets Of』が、新たに『Secrets of the Octopus（解明！神秘なるオクトパスの世界）』を引っさげて帰ってきた（ディズニープラスで配信）。世界中を巡るこのプロジェクトで、制作会社のSeaLight Picturesは撮影におよそ2年を費やし、水中でタコと過ごすために1500マンアワー（人時）を投じた。そして10年前なら誰も信じなかっただろう「知性を示すタコ」の姿を捉えた前代未聞の映像が完成した。

タコをテーマにした商品の急増は確かに歓迎すべきことだが、それ以上に重要なのは、タコの科学が爆発的に発展していることだ。それは、タコという動物が最近のアート界に与えた影響と同じくらい変革的な現象である。実際、目まぐるしいほどの勢いで、次から次へと新たな発見がなされている。2015年、世界で初めてタコのゲノム（カリフォルニア・ツースポットという種のもの）が解読された。2017年には、マサチューセッツ州のウッズホール海洋生物学研究所（MBL）とテルアビブ大学の研究者が、タコとその近縁種であるイカやコウイカは、タンパク質を合成するための指令をDNAから伝えるメッセンジャー、RNAを自ら編集できることを発見した。現にタコは神経系に欠かせない重要な遺伝子を再コード化することができるが、これは極めてまれな能力であり、タコの特異で桁外れに発達した脳と何らかの関係があるのかもしれない。2022年、シカゴ大学のチームは、タコの反対側の腕同士をつないでいる新たな神経構造を発見した、と発表した。研究主幹は「私たちはこれを、肢を基盤とした神経系の新しいデザインと考えている」と報告している。

世界の主要な科学雑誌に掲載された論文を統計的に分析したところ、タコに焦点を当てた研究が劇的に増加していることが確認された。イタリアの研究者3人組が2021年にオープンアクセス誌の『Animals』で発表した調査報告によると、1985年のタコに関する論文は年間10本にも満たなかったが、この調査のためのデータを収集した最後の年に当たる2020年には100本を超えたという。実に10倍の伸びであり、増加傾向は今も続いている。同報告書の執筆者たちは、くしくも私がアテナと出会い、自分なりの調査を開始した2011年を、1つの分水嶺と見なした。その年が、関心の薄かった「以前」と発見相次ぐ「最近」との分かれ目だというのだ。そして「最近」、タコに関する論文を共同執筆する人の数が「急激に」増え

カーボベルデ沖の深い外洋を探索する
スカシダコ（*Vitreledonella richardi*）。

ており、その国籍や所属先も拡大していることが分かった。

それにしても、なぜ突然、タコが科学界の脚光を浴びるようになったのだろうか。タコの行動を専門とするフロリダ在住の海洋生態学者、チェルシー・ベニス博士は、タコの驚異的な能力と類まれな才能が多様な科学分野に研究材料を提供していると指摘する。「タコは私たちの、いわば科学アドバイザーだと思います。タコの生態学、行動学、遺伝学を研究することで、海洋の生物多様性と健康、持続可能な漁業、進化、ソフトロボット工学や神経科学のための生物学的インスピレーションなどに関わる多くの問いに答えることができます。そして、科学研究者であり教育者でありコミュニケーターでもある私は、どうすればマルチタスクの達人になれるかをタコから学んでいます」。仲間内で「オクトガール（タコ女子）」と呼ばれる彼女は、教育、研究、フィールド調査に取り組むほか、OctoNationの科学アドバイザーも務めている。

ベニス博士は、シュノーケラーやダイバーが野生のタコと出会い観察する機会が増えていることにも言及する。ビデオ技術の進歩のおかげで、多くの人が観察したものを記録できるようになり、タコの行動に関する興味深い手がかりを科学界に提供している。ベニス自身、Octopus Monitoring Gadget（通称OMG）という革新的な記録装置の発明者である。OMGのおかげで、研究者は野生のタコの様子を初めて24時間連続して録画できるようになった。防水ハウジング、夜間もタコに不快を与えることなく撮影できる赤色ライト、長持ちするバッテリーを備えたOMGが画期的なツールであることは、日夜証明されている。

私は最近、バスケットボール大のチチュウカイマダコ（*Octopus vulgaris*）が潜水中の鵜に襲われる様子をOMGで撮影した映像を見た。柔らかいタコに比べると、エンパイアステートビルの尖塔ほどもあるように見える長く鋭いくちばしを持つ海鳥が突然現れたとき、それはまるで襲い来るモササウルス（後期白亜紀に存在した海の頂点捕食者）のように恐ろしかった。対して、ほかの軟体動物のように身を守る殻を持たないふにゃふにゃのタコは、哀れなほど無防備に見える。私はてっきり、巣穴に潜って身を守るか、ジェット噴射で遁走するか、あるいはカムフラージュで身を隠すだろうと思った。ところが、空飛ぶ捕食者と対峙したチチュウカイマダコが取った行動は、私の予想を裏切るものだった。驚いたことに、その勇敢な小さいタコは一歩も引かず、上から近づく怪物を直接狙い、ほぼ液体状の腕の1本を振り上げて、殴りかかったのである。

頭足類の生態を研究するC・E・“シェーズ”・オブライエン博士は、カリブ海のサウスカイコス島でOMGを使った野生のタコの撮影を続け、4種のタコをターゲットに、起きているときと眠っているときの様子を記録している。オブライエンが解明しようとしていることの基礎には、神経科学者シルビア・リマ・デ・ソウザ・メデイロス博士による実験室での研究がある。タコが人間のように夢を見る可能性を示唆する興味深い研究だ。

ナショナル ジオグラフィックのシリーズを撮影するSeaLight Picturesのカメラクルーにとっても、先進技術は極めて重要だ。リブリーザー（ダイバーが吐き出す二酸化炭素に含まれる未使用の酸素を再利用する潜水器具）を使うことで、チームは1度に4時間以上も1匹のタコを観察し続けられる。そして、海底に設置された6つの異なるカメラシステムは、それまで報告されたことのないタコのさまざまな行動を捉えていた。

このような近距離からの詳細なビデオ録画や科学的調査は、私が初めてアテナに出会った頃のやり方に比べると、まったく新しいものである。それでも、科学者たちは何十年も前から続けられてきた重要な研究を土台にして、仕事を進めている。彼らの想像力豊かな実験、鋭い観察力、そして目を見張るような発見の数々が、これからお読みいただくページにインスピレーションを与えてくれた。私がアテナ、オクタビア、カーリー、カルマと知り合った当時抱いていた疑問のいくつかに、新しい研究が答えてくれることもある。例えば、なぜタコたちはわざわざ私と関係を結ぼうとしたのか。何が彼らを異種の生物——それも自分とはまるで異なる生物である私に、文字通り手を差し伸べさせるのだろうか。

『解明！ 神秘なるオクトパスの世界』の撮影中、シリーズディレクターと撮影監督を兼ねるアダム・ガイガーは、これと同じ驚きを経験した。「私やチームの全員がいろいろな種類のタコを見て驚いたのは、一様にある感覚に襲われたことです。それは、知的な動物が自分の世界に相手を招き入

れるかどうかを考えていて、こちらはその様子を眺めているような気分と言えばいいでしょうか。害がなさそうだと判断すると、彼らは実際、招き入れてくれます。たいていの野生動物は、こちらが姿を隠していない限り、人間を無視するか、その場を去ってしまうでしょう。でもタコは、自分に比べて巨大で危険かもしれない動物、すなわちダイバーが近づくのを許し、手を伸ばして触れようとさえする。まったく驚くべきことです。彼らは信じられないほど人なつこい」

何十年もの間、タコは孤独を好む動物であり、交接のとき以外は同種にさえ近寄らないと考えられてきた。しかし、近年の驚くべき新発見の数々は、科学者たちがタコの生態について抱いていた最も基本的な思い込みのいくつかが間違っていた可能性を示唆している。

2011年に私が抱いた直感のうち、いくつかは最新の科学により正しいことが裏付けられた。当時の私は、進化上の祖先も、生活様式も、体つきも人間とはまるで違うにもかかわらず、わが友タコの頭脳は私のそれと驚くほど似た働きをすると強く感じていた。私もタコたちもパズルを解くのが好きだった。さまざまな道具の使い方を学ぶところも、過去の出来事を記憶していて、そこから教訓を得るところも同じだった。タコの知能のさまざまな側面に関する観察と研究は、この大きな脳を持つ軟体動物の知的達成について、ますます印象的なレジュメを作り上げている。野生生物学者で科学コミュニケーターのアレックス・シュネル博士は、独創的な実験を行い、タコの親戚であるコウイカの脳がチンパンジーやカラスに匹敵するほど高度な実行機能を備えていることを実証した。

タコが今、旬を迎えているというハファード博士の言葉は、間違いなく正しい。旬という言葉では弱いほどかもしれない。タコはおそらく私たちを1つの転機へと導いたのだ。本書を読めば分かるとおり、高度な知性へ至るには、私たち人間が知る道とはまったく異なる道が存在することを、タコたちが明らかにしている。その道をたどっていけば、私たちはより遠くまで導かれ、考えること、感じること、知ることの意味を共有する経験について、より深く理解できるかもしれない。

左ページ：カリビアン・リーフ・オクトパス（*Octopus briareus*）は
夜になると餌を求めて姿を現す。
玉虫色の皮膚が柔らかく光るパラシュートとなり、獲物を捕らえる。

PART 1.

カムフラージュ能力を駆使して、周囲の赤いウニや
サンゴ礁に紛れ込むミズダコ。

第1部

カムフラージュの名手

驚異の変身能力

Masters of Camouflage

SHAPE-SHIFTERS OF THE SEA

カリブ海の浅瀬で、茶色がかった緑色のありふれた海藻の茂みが、水の流れに身を任せて力なく揺れている。砂底から数センチ上のあたりを葉巻型の小さな魚が1尾、滑るように横切ったかと思うと、Uターンして戻ってくる。もっと面白い何か――例えばウミガメやサメ、ネオンカラーのブダイの群れなどを探しているダイバーやシュノーケラーなら、目もくれずに通り過ぎてしまうような光景だ。

不意に様相が一変する。海藻を縦に三等分したちょうど真ん中のあたりが膨らみ、明るくなり、うねり始めたかと思うと、斑点のある茶色が白っぽくなり、でこぼこしていた表面が滑らかになる。あっという間に、丸く青白い巨大な“生きた泡”が3倍の大きさになった。白い塊から、舞台化粧さながら黒く縁どられた大きな両目が飛び出してくる間も、球根状の動物は膨らみ続ける。まるで熱に浮かされたときに見る夢のように、小さな海藻の茂みが動物に変わっていく。海藻の背後から生き物が現れたわけではない。一片の海藻が変身を遂げたのである。生気のない有機体が、敏速で、身軽で、機転の利く存在となり、この世ならぬ力のおかげで、あたかも霊魂が肉体を離れるように仮の姿から解き放たれ、墨のとばりの向こうへ飛び去ってゆく。

そんな芸当は不可能だと思われるかもしれない。実際、不可能なのだ、タコ以外には。

ウッズホール海洋生物学研究所（MBL）の研究主幹を務めるロジャー・ハンロンは、その日シュノーケリングから浮上したとき、自分が「声も限りに叫んでいた」ことを覚えている。水深は浅く、波も穏やかだった。この名物教授は数十年の研究活動を通じて、数万時間に及ぶスキューバダイビングとシュノーケリングを難なくこなしてきた。そのベテランが、この取り乱しようである。研究チームの面々が「ただごとではない」と青ざめたのも無理はない。「みんな、何か事故が起きたと思ったようです」とハンロンは当時を振り返る。

ハンロンにとって、それはエウレカ（発見）の瞬間だった。その日、彼は地球上に300種以上いるタコのうち、最も研究が進んでいるタコをビデオに収めていた。あまりにも広く分布し、ありふれているため、「普通のタ

左ページ：米フロリダ州の町リビエラビーチ沿岸の海中で、長い肢（腕）を使って直立するアトランティック・ロングアーム・オクトパス。

コ」を意味する*Octopus vulgaris*という学名を与えられた種、チチュウカイマダコだ。ところが、たった今彼がカメラに収めたのは、見たことのない何かだった。以来、何十万という人々がその映像を視聴しているが、目を疑う人は少なくない。ハンロンの学術講演の聴衆でさえ、連れに向かって「あれは本物？」と聞く人が後を絶たない。

骨がなく、毒を持ち、強力な吸盤がついた８本の腕（最大の種ミズダコは大きな吸盤1つで16キロの重さを持ち上げることができ、しかも1本の腕にそれが200個も並んでいる）を備えるタコという生き物は、宇宙を舞台にしたSFでしかお目にかかれないような種々の異能に恵まれている。例えば、タコは全身のあらゆる皮膚で味を感じることができる。また、墨を吐くことができるが、これは煙幕として、あるいは、ウミガメがだまされて食いつくほど食欲をそそる“おとり”として機能する。筋肉を分解する酸や神経毒を垂らすこともできるし、雌は卵の連なりを巣の屋根や側面に付着させるための接着剤を分泌することもできる。

しかし、タコならではの超能力と言えば、体の色や形を自在に変える幻惑能力である。しかも彼らはそれを、人間が瞬きするよりも速くやってのける。

最近は、この古くから生息する無脊椎動物に関する驚くべき観察と発見が、それこそ怒涛の勢いでなされており、ハンロンが撮影した映像はほんの一例に過ぎない。「普通のタコ」を意味する学名とは裏腹に、チチュウカイマダコの変身の才はとても普通とは呼べないが、ワモンダコ（*Octopus cyanea*）のそれはさらに巧妙だ。ハンロンはワモンダコを「カムフラージュの王様」と呼ぶ。この種が繁栄するインド太平洋のサンゴ礁は、地球上で屈指の複雑な生息環境であり、さまざまな質感と色彩にあふれ、鋭い目をした捕食者や獲物が数多く生息している。ミクロネシアとフランス領ポリネシアで撮影されたビデオテープを、ハンロンが見直したところ、ワモンダコは1時間に最大177回も体色を変え、50種類のボディパターンを身にまとえることが分かった。また、わずか5分の1秒で色を変えられるかと思

左ページ・上：この種に特有の際立った体色変化能力を示す2匹のサザン・キールド・オクトパス（*Octopus berrima*）。

えば、1時間以上も同じ色や模様を安定して維持することもできる。このような変身の「スピードと多様性」について、「われわれが知る限り、どの動物にも見られない」とハンロンは評する。

タコの変装は皮膚だけでは終わらない。正体を隠すため、水に沈んだココナッツのように海底を転がる種もいる。さらに曲芸じみた、より風変わりな手段に訴える種もいる。インド太平洋に生息するある種のタコは、6本の腕を掲げ、残りの2本を使って砂底を歩く様子が撮影されている。現代の視聴者には、ブリーフケースをどこかに忘れてきた、よれよれの通勤者を連想させる姿だ。

もちろん、タコに限らず多くの動物が芸術的なカムフラージュを駆使している。キツネやオコジョの被毛は冬になると雪のように白くなり、昆虫は葉や小枝に擬態し、カメレオンは興奮したりおびえたりすると、茶の1色だった体がカーマイン（紫を帯びた赤）からターコイズ（青緑）まで万華鏡のような色模様に変わる。捕食者を驚かせるために変身する生き物もいる。ある種のガは後翅を露わにして巨大な目に似た斑紋を見せつけるし、哺乳類はネコからチンパンジーに至るまで、毛を逆立てることで実際より体を大きく見せようとする。

しかし、タコやその近縁種であるコウイカやイカの変身は、びっくりするほど多様性と説得力に富んでいる。例えば、タコは気象現象にすらなりすましてしまう。多くの種類のタコに共通するディスプレーの1つに、「行雲（流れゆく雲）」と呼ばれるものがある。タコの皮膚に暗色の波形が現れ、ゆっくりと体表を洗っていくのだが、それがまるで空を流れる雲が落とす影に見えるという。タコがそのような錯覚を起こさせるのは、身動きをして自分の居場所を悟られることなくカニなどの獲物を誘い寄せるためだと考えられている。このようなディスプレーの「高度な複雑さには驚かされます」とハンロンは言う。

すでに知られているタコの種のうち3分の1は、まれにしか観察されず、そのためほとんど研究されてこなかったのも不思議はない。タコのあまりにも見事な変装に、アザラシ、クジラ、鳥類、サメ、カニなどさまざまな動物が欺かれるが、人間の科学者とて例外ではないのだ。何十年も研究してきたタコが思っていたのとはまったく違う種類だったことが判明した、という話も、今や珍しくない。その結果として、新種の報告が相次いでいるのである。

それゆえ、タコとイカの祖先として現在見つかっている限り最古の化石が、気づかれぬまま30年間もカナダの博物館の引き出しに眠っていたのも無理はない。科学者は2021年にようやく、モンタナ州で出土した石灰岩の板に10本腕の生物の化石が残っていることに気づいた。吸盤まで保存されていたこの化石は、タコの起源を8200万年早める可能性がある。化石のタコは*Syllipsimopodi bideni*という学名が与えられ、この種だけで1つの属を構成している。*Syllipsimopodi*は「物をつかむのに適した足」を意味し、*bideni*は当時就任したばかりの米国大統領（ジョー・バイデン）にちなんだものだ。

この発見で明らかになったのは、タコとその仲間が少なくとも3億2800万年かけて、魔法に磨きをかけてきたという事実だ。彼らはホタテ、カキ、ハマグリ、カタツムリと同じ軟体動物であり、三葉虫が登場する前のカンブリア紀初期に誕生した古代の動物門に属している。泳げる軟体動物の1グループを頭足類と呼ぶが、これは手足が私たちのように胴体ではなく頭部についていることに由来する。すべての頭足類は腕や触腕手を備え、血液が青く、頭にある漏斗から水を噴射して海中を高速移動する。最初期の頭足類は、現在のオウムガイのように殻を持っていた。しかし、あとから登場した殻を持たないコウイカ、イカ、タコも同じグループに含まれる。

ペルム紀の大量絶滅によって全生物の90%が滅びたときから7600万年も前に、触手を生やした殻のない軟体動物がすでに世界の海をジェット推進で泳いでいた。これは、植物が花を咲かせるようになるよりも1億9800万年、小惑星が恐竜を絶滅させるよりも2億6200万年も早い。生物としては新参者の人類が海へ漕ぎ出したのは比較的最近のことだが、それ以来ずっと、タコは私たちの目と鼻の先で変身を続けてきた。何百時間、何千時間と水中で過ごしても、タコを1度も見たことがない（あるいは、そう言い張る）ダイバーは少なくない。おそらく彼らは遭遇しているのだが、自分が何を見ているのか分からなかっただけなのだ。タコからすれば、重要なのはそこである。

インド太平洋の海の底。陸地に近いこの場所の水は、泥で濁っている。砂に覆われた水底には25センチのベージュ色のタコが1匹、腕を広げて身を伏せているのだが、目を凝らしてもその姿は見えない。細く、クモの脚に似た腕は、似たような色の底質に隠れている。すると不意に、タコの丸い外套膜(がいとうまく)が心臓の鼓動のように脈打ち始める（タコには心臓が3つある）。鰓(えら)が酸素を含む水を吸い込むと同時に、大きな、油断のない目が飛び出し、ぎょろりと周囲を見回す。頭から細長い“角(つの)”（実際は乳頭状突起と呼ばれる起立構造）が生え、ひょろひょろした体が砂から浮き上がる。皮膚には、昔の囚人服を思わせる赤褐色とクリーム色の大胆な縞模様が一瞬現れたかと思うと消え、消えたと思うとまた現れる。やがて、ひときわ目立つ腕が太くな

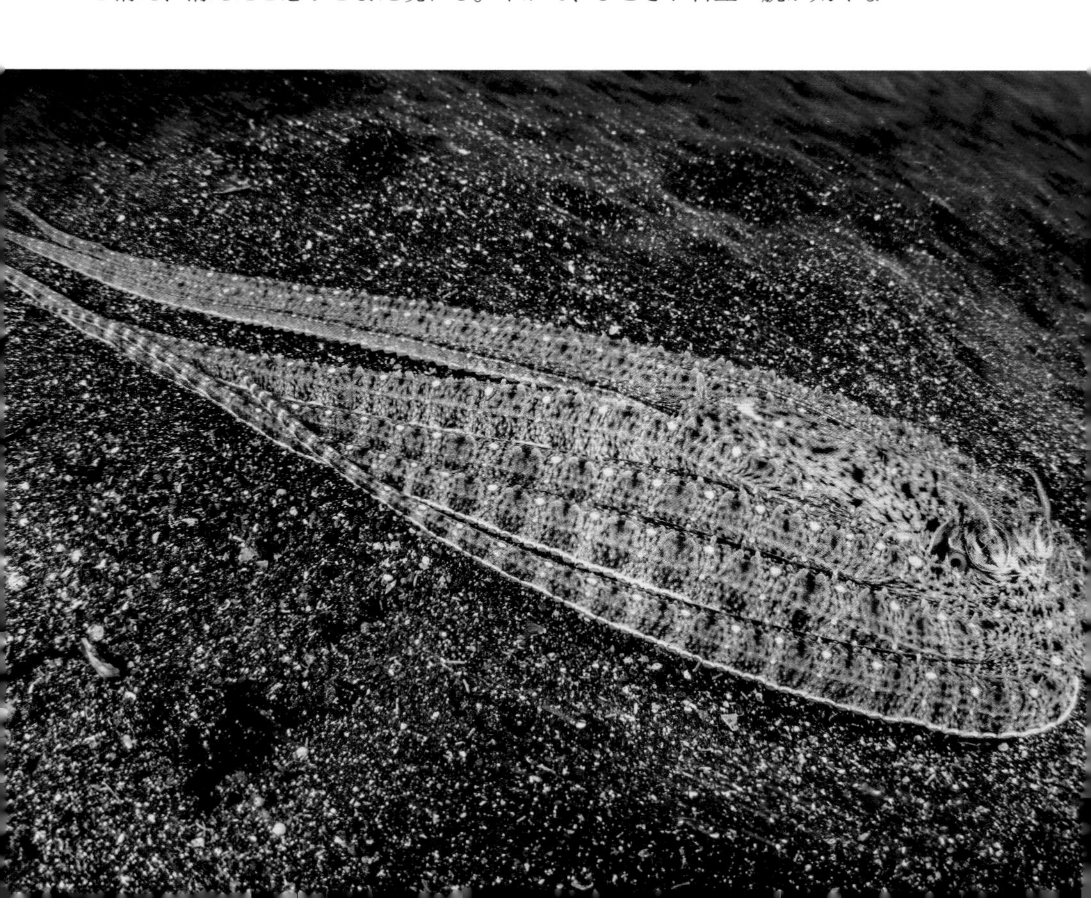

り、丸まり、束をなし、そして水底を離れる。外套膜の脇にある漏斗(ろうと)から水を噴き出すと、縞の入った腕を吹き流しのように後方へ引きながら、勢いよく海中を飛び去ってゆく。

ミミック・オクトパス（*Thaumoctopus mimicus*）が移動しているのだ。

紅海からニューカレドニア、あるいはタイランド湾からフィリピン、そして南はグレートバリアリーフまでと、ミミック・オクトパスの生息域はとても広いことが分かっている。それなのに、つい最近まで科学者はその存在すら知らなかった。種として完全に記載されたのは、2005年になってからだ。なぜだろう。地元の人々はこの生物を知っていた。しかし、科学者や部外者にとって、ミミック・オクトパスの生息地は泥と砂しか見るべきものがない退屈な風景と思えたため、そこに足を踏み入れること自体まれだった。ほとんどの場合、この小さな動物は砂の中に隠れて、目だけを露出させている。

しかし、どんな動物も永遠に隠れているわけにはいかない。ミミック・オクトパスとて餌となる小さな甲殻類や魚を探しにいく必要がある。岩やサンゴ、海藻の間で狩りをする他種のタコは、わずかな隙間に体を滑り込ませて捕食者から身を隠す。カムフラージュによって背景と同化することも可能だ。あるいは、夜の闇の中を移動することで捕食者の目を避ける場合もある。だがミミック・オクトパスはあまり特徴のない、ひらけた砂の海底を白昼堂々と移動する。

だからこそ、周囲と調和するのではなく、むしろ目立つようにするのだ。

ミミック・オクトパスのほかにも、このような擬態を行うタコはいる。日本海から南オーストラリア海域、フィリピンから島国バヌアツにかけて生息する10種のヒョウモンダコ（*Hapalochlaena* spp.）も、同様の戦略を取る。休息中はくすんだ灰色かベージュに見えるが、脅威が迫り来ると、クリーム色や黄色の地に黒い輪郭線で縁どられたネオンブルーの輪が最大60個現れ、皮膚を明るく目立たせる。これらの輪は、確実に相手の注意を引くために救急車やパトカーのランプさながら明滅する。そうすることで、このタコは自分の武器を誇示しているのである。ヒョウモンダコは唾液腺にすむ共生細菌の助けを借りることで、青酸カリの1000倍もの殺傷力があ

左ページ： ヒラメやカレイの姿を真似て捕食者の目を欺こうとしているミミック・オクトパス（*Thaumoctopus mimicus*）。

る神経毒を有する。彼らの命運は、捕食者になるかもしれない相手が、「近寄るな」という警告を真に受けるかどうかにかかっている。

しかし、ミミック・オクトパスにはヒョウモンダコのような猛毒がない。大胆な模様と鮮やかな色彩を身にまとうのは、捕食者の目を欺くためだ。何を恐れるかは捕食者の種類によって違うが、ミミック・オクトパスの嘘は相手に合わせて臨機応変に変わるのである。

大胆な縞模様を身にまとうミミック・オクトパスは、さまざまな変装をして移動する。8本の腕を後方に引きながら、泥底すれすれをうねうねと泳ぐことで、オビウシノシタと呼ばれる毒ガレイと同じ形、色、動き、スピードを装う。あるいは、すべての腕をこわばらせてミノカサゴの毒棘のように伸ばし、より海面に近いところを泳ぐこともできる。こうした変装は、どうやらうまく機能しているらしい。オニカマスを追い払うほど攻撃的な種として知られるスズメダイに接近されたミミック・オクトパスが、捕食者の目の前で別の生き物に変身するのを、研究者たちは畏敬の念とともに目撃している。ミミック・オクトパスがヘビのような縞模様に覆われた腕のうち6本を瞬時に砂の中へ隠し、2本だけ伸ばしてそれぞれ反対方向に波打たせると、スズメダイは退散する。それは最凶の敵の1つであり、大胆な縞模様と毒を持つヒロオミウビヘビに脅かされたときと、まったく同じ反応だった。

地元の漁師やダイバーから情報を得たメルボルン大学の海洋生物学者マーク・ノーマンは、オーストラリアと英国の研究チームを率い、1998年にミミック・オクトパスの科学的発見を報告した。チームが初めてこの種に遭遇したのは、インドネシアのスラウェシ島にある川が海にそそぐ河口付近である。ノーマンはそれまでタコの新種を100種以上報告していたが、そのような仮装をするタコを見るのは初めてだった。

「初めて見たときは本当に驚きました。まったく魔法使いのようです。これほどスペクタクルな動物はほかにいないでしょう」。そして2018年、ノーマンは別の種を発見する。それはミミック・オクトパスと同じような色をした才能あふれる“物まね芸人”で、生息域も似通っているが、しばしばY字型に見える頭部と、ステッキ形キャンディーのような赤褐色と白の縞模様を身にまとっていた。これは水中写真家が放っておくまいと思ったノーマンは、この端正な新種に「写真映えする驚異」の意味で*Wunderpus photogenicus*いう学名をつけた。

このタコがあまりにも多様な装いをするのを目撃したノーマンと同僚たちは、目の前の個体がどの生き物に化けようとしているのかをめぐり、一晩中議論するほどだった。これまでのところ、ミミック・オクトパスがなりすます種はイソギンチャク、クラゲ、クモヒトデ、シャコ、タツウミヘビ、ナマコなど15を数えるが、もっと多い可能性もある。

「解釈が難しいときもあります」とノーマンも認める。ミミック・オクトパスが体を束ねて太い円錐形になり、関節のある脚のようなものを生やし、キチン質の頭に似たものを前方に突き出すことについて、ヤドカリを巧みに模倣していると見る者と、異を唱える者がいる。ミミック・オクトパスがその格好になるのは午後だけで、それはヤドカリの活動が盛んになる時間帯だ。いっぽう、ミミック・オクトパスがヒラメのふりをすると、あまりにも似ているため、本物のヒラメがそのあとについていくところも目撃されている。

シドニー在住の比較心理学者で、ナショナル ジオグラフィックのシリーズ『解明！ 神秘なるオクトパスの世界』のプロデューサーを務めるアレックス・シュネルは、ミミック・オクトパスによる数々の偽装工作に強く興味をそそられている。5歳のとき初めてタコと遭遇して以来（シドニー近郊の海辺で、本人いわく「潮だまりに首を突っ込むようにして」幼少期を過ごした）、彼女はこのふにゃふにゃの変身生物に魅了されている。ダーウィン・カレッジとケンブリッジ大学比較認知研究所の博士研究員である彼女は、心理学とアニマルコミュニケーションに特別な関心を持つ。

「真に興味深いのは、ミミック・オクトパスの行動が高度な認知によって駆動あるいは支配されていると思われること」とシュネルは言う。彼女によれば、ヒョウモンダコの場合は、私たちが恥ずかしさで顔を赤らめたり、恐怖で心臓が早鐘を打ったりするように、身の危険が迫ったときの不随意反応として色を瞬かせている可能性があるそうだ。しかし、ミミック・オクトパスは柔軟な選択をしているように見えるという。つまり、遭遇する

ウツボと格闘するチチュウカイマダコ（*Octopus vulgaris*）。
ウツボはタコの魔手から逃れようと身をくねらせ、もがいている。

捕食者の種類に応じて、相手が何を恐れるかに合わせた選択を行っているのかもしれない。「テストして確かめたわけではないけれど、彼らは観客の視点を取り入れているように見えます」とシュネルは言う。そして、同じくらい重要なのは、観客は自分とまったく違う視点を持っているかもしれないと理解している点だとも。「これはとてつもなく複雑なことです」と指摘する。

「こうした他者視点取得は、人間の認知に限定されることが多いのですが、この能力の行動学的特徴は、チンパンジーやカラス科の鳥にも認められます。ただし、他者視点取得は、社会的な種において進化した特性だと考えられているのです。タコは孤独を好む動物です。社会的知性の特徴である他者視点取得が、単独行動のタコに現れるなどということが、あり得るでしょうか？」

今日、研究室や自然環境における水中で、研究者たちはタコがどのように色、質感、形、姿勢、動きを変化させ、たんに背景に溶け込むよりもはるかに高度なことをしているのか、その秘密を明らかにしつつある。タコとその仲間はまた、獲物を出し抜いたり、ほかのタコとコミュニケーションを取ったりするためにも、このスーパーパワーを駆使している。その複雑さ、正確さ、創造性は、かつて研究者たちが想像していた以上のレベルだという。

タコは海で最もタフな仕事をしていると言っても過言ではない。

魚と違って、タコには身を守る硬い骨や鋭いトゲがない。ロブスター、カニ、ハマグリ、ヒトデのように、しっかりした外骨格に守られているわけでもない。さらには、ほとんどすべての軟体動物が持っている殻もない。

そのため、飢えた顎でいっぱいの海で、タコはいかにも食欲をそそる無防備なタンパク質の塊となる。

だから、みながタコを食べる。孵化したばかりのタコは米粒ほどしかなく、ヒゲクジラ類、マンタ、ジンベエザメなどの濾過摂食者に動物プランクトンとして食べられてしまう恐れがある。成体になっても安心はできない。形態も能力も多種多様な捕食者があらゆる方向から襲ってくるのだ。まず、ウミツバメやペンギンといった鳥類が頭上からダイブしてくる。鋭い歯を持つウツボは、タコを餌食にしようと巣穴に潜り込んでくる。そうかと思うと、クジラ、イルカ、カワウソ、アシカ、アザラシがタコの腕を1本ずつ食いちぎってばらばらにしてしまう。腕を広げた差し渡しが最大6メートルにもなる成体のミズダコでさえ、サメやシャチ、マッコウクジラから逃れることはできない。最大で体重36キロまで成長し、巨大な口に大きな鋭い歯が18本も並ぶキンムツという魚は、巣を奪い取るためにタコを襲う。そして人間もまた、年間約30万トンのタコを捕獲している。食用にするか、ほかの種を釣るときの生餌として使うためだ。さらにタコ自身が、意外なほど頻繁に、ほかのタコを食べる。自分とは違う種のタコが見つかればそれを食べるし、見つからなければ同種の、自分より小さな個体を食べるのだ。

これほどまで攻撃されやすい生き物がほかにいるだろうか。しかし、この脆弱性こそが、タコの姿形を自在に変化させる超能力を作り出したとも言える。タコの変身能力は「驚くほど高度に進化し、洗練された、美しいシステム」である。眼鏡をかけたハンロン教授は好んで学生にそう説く。「アートと科学が一緒になったようなものだと思ってほしい。彼らは外見を変えることで問題を解決しているのです」。そうするために、進化上の祖先が殻を脱ぎ捨てたとき、タコは（ハンロン言うところの）「電化皮膚」を発達させたのだ。

生きたタコの皮膚の表層を拡大して見ると、まるで画家のパレットのようだ。パレットの上で色の斑点が拍動し、膨らんだり、縮んだり、激しく脈打つかと思えば、次の瞬間には消えたりする。斑点の実体は「色素胞」と呼ばれる小さな器官で、黒、茶、オレンジ、赤、黄の色素顆粒で満たされている。頭足類には数万から数百万個もの色素胞があり、タコは通常、近縁種のイカやコウイカよりも1平方インチ（約6.5平方センチメートル）当たりの色素胞の数が多い。チチュウカイマダコには、片目の回りだけで500万個以上の色素胞があり、それらがリング、ストライプ、星形など万華鏡のような模様を作り出す。そうすることで、目という重要な器官を囲む皮膚の外観を隠したり、強調したりできるのだ。

ほかの動物――例えば一部の魚類、カエル、トカゲにも色素胞はある。しかし色素胞という器官の形そのものを変えられるのは、頭足類だけだ。色素が詰まったこれら小さな袋は、一つひとつが18ないし20の筋肉によって制御されている。袋を引っ張ると色の円盤が広がり、筋肉を弛緩させると袋が閉じ、色は見えなくなる。いくつかの筋肉を収縮させ、別の筋肉を弛緩させることで、タコは個々の色素胞の大きさだけでなく形もコントロールし、さまざまな色をした円盤や卵形、時には正方形に近いブロックさえも描き出す。それを、人間が瞬きするより短い時間でやってのけるのである。

こうした絢爛たる色彩の変化を頭足類はどうやって制御しているのだろう。そのメカニズムが分かったのは、ごく最近のことだ。多くはロジャー・ハンロンの研究室で解明された。神経が電気インパルスを発生させ、それが色素胞の開閉を指示する情報を伝達するのである。それらがどのように機能するのか、注目すべき実証方法を編み出したのが、ミシガン大学医学大学院の神経科学者グレッグ・ゲイジと同僚たちだ。学生向けの神経科学実験キットを開発するBackyard Brains社の創設者でもある彼らは、ハンロンの研究室での経験を生かして、頭足類の色素胞を文字通り音楽として奏でるビデオを作成した。

ゲイジらは吸引電極を使って、死んだアメリカケンサキイカの鰭(ひれ)にiPod Nanoを接続し、神経を電気的に刺激した。「iPodはデジタル音楽を微小な電流に変換し、イヤホンに内蔵された小さな磁石に送ることで音楽を再生します」とゲイジは説明する。この実験では、イヤホンを鰭の神経に置き換えたわけだ。

色素胞開閉の原理を説明するために選ばれた楽曲は、米国のヒップホップグループ、サイプレス・ヒルのプラチナヒット『Insane in the Brain』である。この曲の、電極から伝わる低音域は、色素胞を取り囲む筋肉を収縮させる神経を活動させるのに十分な強さがあった。8倍に拡大して観察したところ、死んだイカが茶、赤、黄に色づき、それらの色がヒップホップ

右ページ：ハワイ沿岸のサンゴ礁に身を潜めるワモンダコ(*Octopus cyanea*)。

のベースラインに合わせてサイケデリックに脈打つのが見えた。その様子を撮影した動画はネットの話題をさらった。あるYouTube視聴者は「フッド（地元の）ライフとシー（海の）ライフの素晴らしいコラボレーション」とコメントし、別のファンは「これまで見た中で最高」と絶賛した。

頭足類の色素胞の下には、さらに神秘的な器官がある。虹色素胞という細胞から成るきらめく層で、「虹の使者」というニックネームがある。虹色素胞の内部には色素の代わりに板状の結晶があり、それが光を反射する。ロジャー・ハンロンの研究室は、この虹色素胞がどのように機能するかを解明するべく、長年研究を続けてきた。これらの細胞自体は無色だが、虹やシャボン玉のように異なる波長の光を反射し、玉虫色の青、きらきら輝く緑、蛍光ピンク、銀色、金色といった色彩を織りなす。色素胞の働きと組み合わさることで、虹色素胞は新しい色や模様を作り出し、明るさやコントラストを変化させるのだ。

それにしても虹色素胞は何に制御されているのだろうか。神経は関与していないというのが、数十年来の定説だった。人間の心拍数、呼吸、消化などをコントロールする神経ホルモン、アセチルコリンの放出によって虹色素胞が活性化されるのではないか、あるいはたんに色素胞が収縮や弛緩をして、その下にある虹色素胞の層を露出させるのかもしれないなどと考えられてきたのである。

20年にわたる研究のすえ、ハンロンのチームはついにその答えを見つけた。「ようやく、虹色素胞の色と明るさをオンにして調整する専用の神経線維が存在するという明確な証拠が得られた」。2012年、『Biological Sciences』誌に論文が掲載されたとき、ハンロンはそう発表している。アメリカケンサキイカの高度に分岐した神経網をトレースし、それらを電気的に刺激することによって、ハンロンのチームは、個々の虹色素胞の色とその変化の速さが色素胞同様、神経系によって制御される仕組みを示すことができた。

この虹色素胞の層の下に、タコとコウイカ類は「白色素胞」と呼ばれる特殊な細胞から成る第三の層を持つ（イカの中でもツツイカ類は白色素胞を持たない）。白色素胞はメダカなどにも見られるが、頭足類では、この層が明るいキャンバスとなり、その上に変幻自在の“皮膚景観”が描かれる。これらの細胞はまた、鏡のように光を反射するので、いっそう色合わせに寄与していると考えられる。ちなみに、この白色素胞の層は、神経や筋肉にコントロールされているわけではないようだ。しかし、タコの皮膚の質感や体形や姿勢は神経と筋肉で制御されており、それが並外れたカムフラージュの妙技を可能にしている。

タコやコウイカは乳頭状突起のおかげで皮膚の質感を変えることができる。特にタコの場合、ほかでは見られない特殊な筋肉群が数百の乳頭状突起を一瞬のうちに起立させる。さらに専用の運動神経を使うことで、これらの筋肉群は一つひとつの乳頭状突起を1時間も起立させておくことができる。

こうした変身の七つ道具を駆使すれば、タコはほとんど何にでも化けることができる。だとしたら科学者は研究対象の種をどうやって見分けられるだろうか？

それは必ずしも簡単な仕事ではない。

ブラジルのリオグランデ•ド•ノルテ州の州都ナタールで、熱帯の浜辺を庭に育ったタチアナ・レイチは、まだ幼い頃、心からの夢を見つけた。それは、「海の中で動物に囲まれて過ごすことができる」人生だった。そんなわけで、リオグランデ・ド・ノルテ連邦大学の学部生時代、生物学の教授から講義で使う軟体動物を捕獲して集めるよう頼まれたとき、彼女は大喜びした。タコに的を絞ったのは、「貝よりはるかに面白いから」だと言う。

大学院に進むと、海洋学コースで使う海洋島のタコをせっせと採集した。あるとき、サンペドロ・サンパウロ群島近くに広がる岩礁に生息する、最も見慣れたタコの体の計測を頼まれた。広く分布し、よく知られているチ

防御機構の1つとして墨を放出するタコ。
墨が出てくる漏斗からは、水をジェット噴射したり、
老廃物を排出したりもできる。

チチュウカイマダコ（*Octopus vulgaris*）である。

最初は見つけるのに苦労した。チチュウカイマダコは穴の中に隠れているだけでなく、砂にカムフラージュし、水中を移動するときには、しばしば青緑色に変じて晴れた日の海のように輝いた。「チチュウカイマダコそのものではなく、巣穴を探せばよいのだと気づきました」と、当時を振り返ってレイチは言う。巣穴の場所は、たいてい二枚貝やカニの殻がきれいに積み重なっていることで目星がついた。ホテルの廊下で扉の前にルームサービスの空皿が置いてある光景に似ている。巣の中にチチュウカイマダコがいることも珍しくなかった。

採集の達人にはなったものの、それは心が痛む仕事でもあった。研究室に戻ってサイズを測るためには、捕まえたチチュウカイマダコを殺さなければならない。しかも、いざ測ってみると、明らかに何かが違っていた。彼女の計測値は、チチュウカイマダコ一般のそれと一致しなかったのだ。

「君のやり方は何もかも間違っていると、教授に言われました」。彼女はタコの死骸を24時間冷凍し、その後ホルマリンに漬けてから計測していた。教授の助言に従って、やり方を変えてみるものの、結果は変わらなかった。彼女の捕まえたタコは一貫して、チチュウカイマダコが本来そうあるはずの体格よりもずんぐりして筋肉質だった。外套膜や頭部に比例して、腕も太く短い。くちばしの角度は直角に近く、チチュウカイマダコのそれよりも短かった。

レイチはそのプロジェクトを2年間続けた。その頃にはすでに60匹以上の標本を計測していたが、いくら科学のためでもタコを殺すのはもうやめようと心に決める。「このままではキャリアを続けられない、と訴えました」と言う。「タコを殺さずに分類する新しい枠組みを見つけなければならない。生きた動物を研究することで分類学を行う新しい方法が必要だ、と」。そして彼女はスペインへ渡り、水族館にいるチチュウカイマダコの観察を通じて研究を続けた。しかし、そこで目にしたチチュウカイマダコは、ブラジルで扱っていたのとはまったく違う生き物だった。「生きているチチュウカイマダコを見たとき、思いました。どうして誰も違いに気づかなかったの？　まるで別物なのに！　と」

最初に気づいたのは色の違いだった。ブラジルで泳いでいるタコによく見られたきらめく青緑の体色は、スペインの水族館にいるチチュウカイマダコではほとんど見られなかった。さらに、チチュウカイマダコは夜に狩りをすることが圧倒的に多く、移動中は体色を赤や暗色に変えて身を隠す。しかし、彼女が慣れ親しんだブラジルのタコは、日中に最も活動的だった。

遺伝子解析の結果、彼女の疑念が裏付けられた。レイチはブラジルで完全に新しい種を発見していたのである。今では*Octopus insularis*という学名で知られるこの種は、ずっと目の前にいたにもかかわらず、チチュウカイマダコ（*Octopus vulgaris*）と誤認されていたのだ。彼女の調査によると、このタコは現在、ブラジル北西部に生息するタコの優占種になっているという。そしてチチュウカイマダコ同様、おそらく広範囲に生息していると思われる。最北ではバミューダ諸島で標本が確認されており、新たに発表された論文によれば、生息域は遠くアフリカにまで及ぶ可能性があるという。

上：オーストラリアのシドニー・ハーバーに生息するカイメン類の間で狩りをするコモン・シドニー・オクトパス（*Octopus tetricus*）。

数々のビデオや写真に、このタコがこれまで知られていなかった色と模様の組み合わせのいくつかを披露する姿が記録されている。例えば、腕の裏側を隠したいときには吸盤と吸盤の間を独特の赤茶色に染める。また、捕食者を驚かせるために、多くのタコの仲間は目の周囲に（普通は暗色の）輪を作り、自分をより大きな動物に見せかけようとするが、この新種は目の回りを巨大な白い輪で囲んだり、時には青緑色の輪で囲んだりする。目の回りの白い輪と言えば、海藻の茂みから本来の姿に戻るところをハンロンに撮影されたカリブ海のタコが思い出されるが、あれも実はチチュウカイマダコではなく、*Octopus insularis*だったとレイチは報告している。

野性のタコを丹念に調査すれば、それぞれの種に特有の視覚的ディスプレーをいくつも発見できるかもしれないと、レイチは考えている。例えば、ワモンダコ（*Octopus cyanea*）は、左右の第3腕の付け根に目に似た特徴的な紋を作ることができる。また、以前はミズダコと間違われていた大型のタコは、目の上の隆起した乳頭状突起に余分な“枝”があることから新種として同定された。

レイチは学生や同僚とともに、野生のタコを殺すことなく、生きている間に種を識別する手がかりを見いだした。「共通する体色とディスプレーが種を見分けるのに役立ちます」。彼女と同僚たちは、すでにこの方法で大きな成功を収めている。ブラジルで新種を発見して以来、レイチはいくつかの新種を記載してきた。例えば、2021年に報告されたばかりの、5つの異なるボディパターンを持つ体重14グラムのピグミータコの仲間（*Paroctopus cthulu*）もその1つだ。今も、イカやタコを含む頭足類の新種5種の記載に向けて、準備を進めている。まだ確認されていない、あるいは既知の種と誤認されている新種が数十、ことによると数百存在してもおかしくはない。

皮肉なことだが、タコは念入りな変装を試みているまさにそのとき、正体を明かしているのかもしれない。そして、さらに多くのことを私たちに教えてくれる。タコの電化皮膚という生きたキャンバスは、彼らが生息地でどのように生きているのかについて、極めて重要な情報を伝えているのだ。

それは、思わず息をのんだあとに、笑いが起こるような映像だ。赤、オレンジ、茶、黄のまだら模様を呈するメジロダコ（*Amphioctopus marginatus*）が、体（頭と外套膜）を丸め、6本の腕を自分の体に巻きつけ、残りの2本の腕で小石の多い海底を小走りに進んでいく。BGMに『ウィリアム・テル』の序曲が聞こえてきそうなほど、軽快な歩みである。

メジロダコが歩行に使う2本の足（学術的には腕）は、足首があるとしたらそこだろうと思える位置で曲がっているだけでなく、先端が真っすぐ突き出し、大きすぎる靴を履いた足のように見える。まるでタコが偉そうな太鼓腹の人物に扮して、せかせかと先を急いでいる漫画のようだ。モントレー湾水族館研究所の上席専門研究員クリスティン・ハファードによれば、二足歩行するタコの映像を見て「とうとうタコに世界を乗っ取られるときが来た」と観念する人が続出しているという。

ハファードがこの奇妙な行動を初めて目にしたのは、まだ大学院生だった2000年のことだ。彼女は科学アドバイザーとして、インドネシアのスラウェシ島沖に生息するタコをドキュメンタリー映画のカメラに収めようとする撮影隊に同行した。そこで、リンゴほどの大きさで腕の短いメジロダコが海の底を二足歩行するところを、撮影監督の故ボブ・クランストンと一緒に目撃したのだった。「笑いが止まりませんでした」と、当時を振り返る。あまりに笑いすぎて、潜水マスクが水浸しになったという。

その3年後、修士論文に取り組んでいた彼女は、スラウェシ島から2575キロ離れた場所で、今度は違う種類のタコが二足歩行するのを目撃する。

それは、論文の指導教官ロイ・コールドウェルの研究拠点であるリザード島（オーストラリア、グレートバリアリーフの近く）を訪れたときのことだった。ハファードはウデナガカクレダコ（*Abdopus aculeatus*）の研究に何年も取り組んでいた。外套膜はクルミの実ほどしかなく、人間の指ほどの腕を伸ばして休息を取る小さなタコである。乳頭状突起で縮れた綿毛様のもつれを作り、海藻に見せかけることから、「藻ダコ」を意味する英名がついた。当

ほとんどのタコが夜間に狩りを行うのに対し、
ワモンダコは体色を変える能力でカムフラージュを行い、
陽光の中で狩りに挑む。

時ハファードはインドネシアでフィールドワークを行っていたが、訪豪は、論文のテーマに選んだ生き物を新たな場所で観察できるチャンスだった。

彼女は海中でウデナガカクレダコを1匹捕獲し、指導教官の研究室の大きな水槽で飼育した。そこで目にしたのは、メジロダコの歩行以上に奇妙な光景だった。捕獲されたばかりのその個体は、腕を体に巻きつけるのではなく、体の前方にある縮れたような外観の腕2本を掲げ、別の2組の腕で人間が肘を張って両手を腰に当てるようなポーズを取った。それぞれの腕の先端は、湿気が多い日の少女の巻き毛のように勢いよくカールしている。さらに奇妙なことに、後ろの左右2本の腕は、まるで足のように水槽の底を踏んで歩いている。野生の海でこのような状態のウデナガカクレダコを見たら、水底を転がる藻の切れ端かと思うことだろう。

「私は水中で何千時間もこのタコを研究してきたけれど、そんなのを見たのは初めてでした」

大いに興味をそそられたハファードは、ウデナガカクレダコのその行動を撮影して同僚たちに見せた。「珍しい映像だと思ったし、水中で二足歩行をする生き物がほかにもいるかどうか知りたかったから」。しかし、研究ステーションの誰も別の例は知らないという。おまけに、特に大騒ぎするほどのことでもないという反応だった。「それで深掘りはしませんでした」とハファードは言う。

ところがその後、タコのさまざまな姿勢に関する論文に取り組んでいた彼女は、論文の草稿に歩くメジロダコをスケッチした絵を添えて、同僚のシェイラ・パテックに見せた。当時ポスドク（博士研究員）としてハファードの研究室に在籍し、のちにバイオメカニクスの研究でグッゲンハイム・フェローシップを得て、デューク大学に赴任する人物だ。パテックは、この発見の重要性を指摘した。そしてハファードは気づいた。「タコは硬い骨格なしで二足歩行できる唯一の動物なのだ」と。

ボブ・クランストンが撮影した歩くメジロダコの動画をハファードから見せられたカリフォルニア大学バークレー校の統合生物学教授、ロバート・フルは「度肝を抜かれた」ことを認めた。そして一緒に映像の分析に当たり、2人が共同執筆した歩くタコに関する論文は『サイエンス』誌に掲載された。

もちろん、二足歩行自体はさほど珍しいことではない。人間のほかにも二足歩行をする生き物は存在する。類人猿もたまに二足歩行をするし、カンガルーや一部のトカゲ、特定のげっ歯類も二足歩行をする。鳥は、そもそも常に2本足だ。ゴキブリでさえ、いざとなれば2本の肢で立ち上がる（そうしないと、ほかの4本の肢が邪魔をして全力疾走できない）。しかし、2本の足で歩くには、軟体無脊椎動物には不可能なはずの動きをする必要がある。そのような動き方をするためには、私たちを支えている内部骨格にせよ、昆虫やカニの体を包む外部骨格にせよ、いずれにしても骨格が必要だと考えられていた。

歩くタコをよく観察すると、この動物に私たちは何度もだまされていることが分かる。ハファードはビデオを見て、タコが人間とまったく同じように歩いているわけではないと気づいた。後ろの2本の腕の外側半面を使い、吸盤の縁を1つずつ交互に接地させることで、ベルトコンベアーや戦車のキャタピラーのように腕を回転させているのだ。しかも、人のように前進するのではなく、実際には後退している。

このやり方によって、タコはかなりの速さで移動できる。ハファードが計測したところ、あるメジロダコは秒速14センチで歩いていた。頭部がクルミ大で、直立したときの背の高さが15センチしかない動物にしては、悪くないスピードだ。時速に換算すると約0.5キロ。これは、もっと多くの腕を使った通常の移動、いわゆる「這う」移動よりも速い。もちろん、頭の横の漏斗によるジェット推進を使えば、はるかに速く海中を移動できるが、それをすれば自分の正体がばれてしまう。ジェット噴射で高速移動するタコは、もはや転がるココナッツにも水流に翻弄される藻の茂みにも似ていないからだ。

二足歩行により「タコはカムフラージュという最大の防御を放棄することなく、素早く移動できるのです」とハファードは説明する。そして、この技術は、従来考えられていたよりも多くの種に浸透している可能性がある。現に タチアナ・レイチと同僚たちは、メジロダコではない2種の若齢個体が同じような歩き方をするのを目撃している。

タコはどうやってこの風変わりな歩き方をしているのだろうか。「骨に頼るのではなく、筋肉に頼っているのです」とハファードは説明する。筋肉と言っても、タコのそれは私たちの舌と同じく、骨ではなく内部の流動物によって支えられている。ハファードの観察によれば、「タコには、縦方向、円形、らせん状に配置された筋肉の帯があり、互いに圧迫し合うことで、対向する筋肉に擬似的な関節を作らせることができる」のだという。

ロバート・フル教授は、ハファードの発見がソフトボディロボットの創造につながり、工学の「新たな地平を切り開くかもしれない」と予言した。しなやかで弾力性のある素材で製作されたロボットは、水中や宇宙空間、あるいは人間の体内など、硬くこわばった機械を無力化してしまう環境でも作業ができるだろう。実際、ハファードの論文が発表された4年後にイタリアで始動したプロジェクトでは、タコをモデルにしたソフトボディロボットが開発された。今日、タコを模したロボットのプロトタイプは自身の形状や大きさを変えることで、ねじる、伸ばす、回すといった動作はもちろん、熟したトマトほどデリケートな物体を扱うのに適した器用さと感度で物をつかむことができる。産声を上げたばかりの分野だが、ソフトボディロボットの市場規模は2027年までに31億4000万ドルに達すると見込まれている。

しかし、タコはロボットのように何も考えずに歩き方や色や形を調整しているのだろうか。今やウデナガカクレダコの世界的権威であり、タコの新種を6つ発見しているハファードにも、確かなことは分からない。タコの動きの多くは、純粋に本能的なものかもしれない。タコの赤ちゃんは孵化するとすぐに色素胞を使い始める。「孵化したばかりの幼体の段階で、タコはいろいろなことができます」と彼女は指摘する。しかし、人間も歩幅を特別意識することなく歩いたり走ったりする。「走ることに関する知識を使うことで、人間はより速く走るすべを学ぶことができます」とハファードは言う。おそらくタコもそうなのだろう。

そして、紅潮という現象がある。よく赤面するというハファードにとってはなじみ深い問題だ（「私の一部はタコなのかもね」とつぶやいた）。紅潮や赤面は完全に無意識の反応である。しかしそれは、知的生物が経験する複雑な心模様を覗き見るための窓となる。タコについても同じことが言えるのだろうか？

オーストラリア、ニューサウスウェールズ州南岸のジャービス湾で、ホタテガイの殻に覆われた水底から黒っぽい何かが噴き出してくる。海中を浮かび上がる絹のスカーフのように見えるそれは、巣穴から“流れ出てくる”コモン・シドニー・オクトパス（*Octopus tetricus*）だ。

重りで固定された水中ビデオカメラが、その様子を記録している。黒いタコは、巣穴に向かって這ってくる別の小さなタコと対峙するため姿を現したのだ。コモン・シドニー・オクトパスは背筋を伸ばし、外套膜を硬く隆起させ、8本の腕でつま先立ちになり、皮膚を不吉な黒色に染める。その姿は大きく、威圧的で、ダース・ベイダーの兜にそっくりだ。自分より小さな新参者に対して友好的な態度とは言えない。

すると、2匹が互いに向かって突進し始めた。大きなタコはすかさず、傘膜（さんまく）（腕と腕の間にある膜。腕を四方に広げると、腕が傘の骨、傘膜が傘の布地のように見える）を網のように投じる。網に捕らわれた小さいほうは、もがき、縮み、溶けていく。次の瞬間、侵入者は網から逃れ、飛び去っていった。その体は幽霊のように白かった。

頭足類の行動は、最もエイリアンじみた超能力を発揮しているときでさえ、不思議と私たちと似ているように思えることがある。他者との関わり方の巧みさにかけては、人間を凌駕しているとさえ思える。タコやその他の頭足類の一部には、体の片側で捕食者に対して威嚇的な色合いを示しながら、交接したい相手に反対側で友好的な色合いを示し、求愛できる種がいる。

ロジャー・ハンロンは、同時に2つの信号を出す離れ業を雄のコウイカが演じている映像を、よく講義で使う。「ダイナミックなカムフラージュは知性の一形態である、と私は主張したい」とハンロンは言う。しかし講義中、「知性」という言葉をエアクォーテーション（引用符を中指と人差し指で表

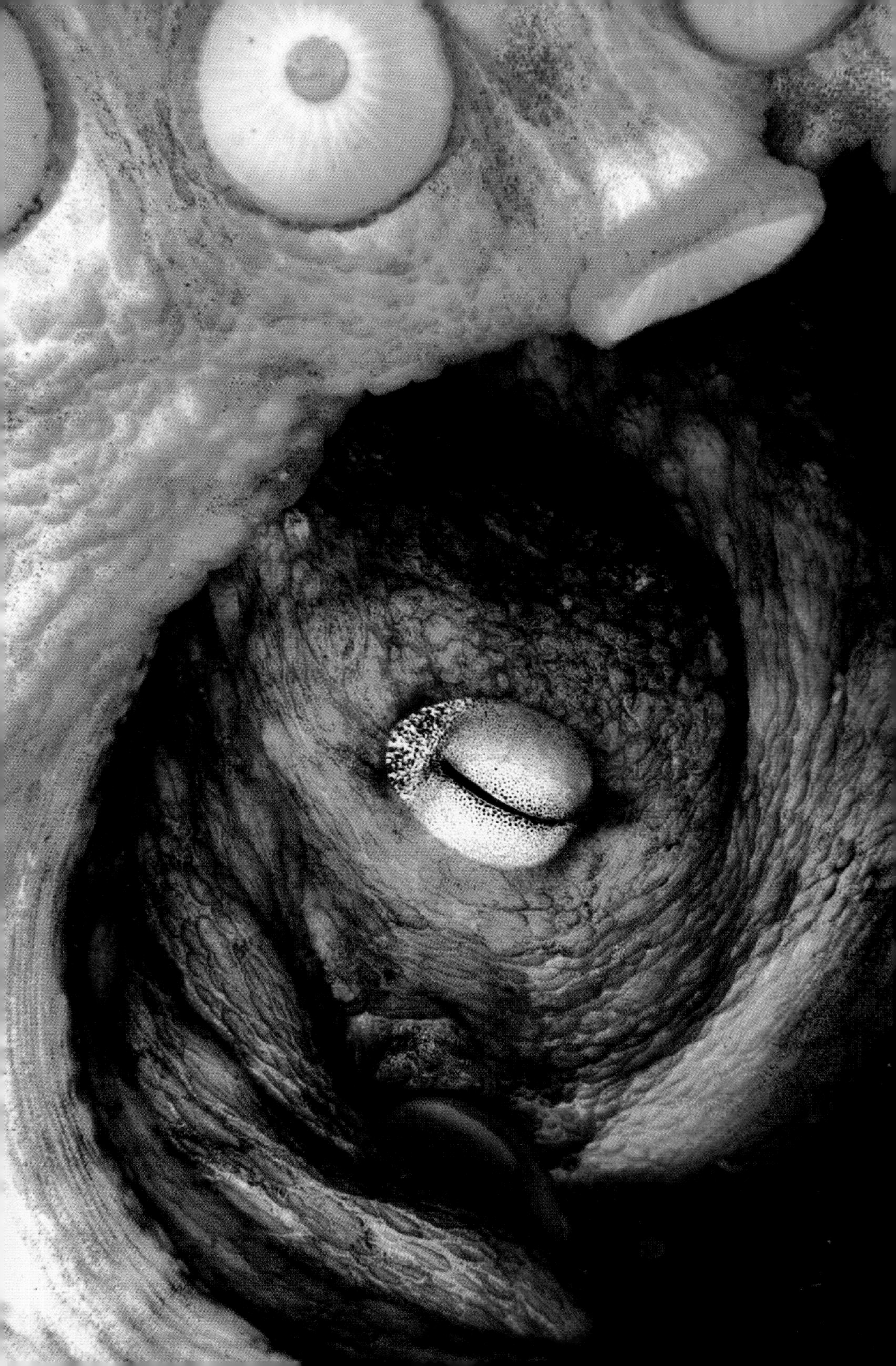

すジェスチャー）で囲むこともある。タコの認識方法は、人間とは驚くほど違う点が多く、まったく異なる進化的圧力から生まれたものだからだ。

例えば、タコの目と人間の目はよく似ている。しかし、タコの目は人間の体で言えば耳の位置にある。また、彼らには奥行き知覚がほとんどない。いっぽうで、私たちの目には見えない偏光を見ている。また、夜でも見えるし、光の届かない深海でも見える。そして、周囲の色と完璧に同化できる動物としては信じられないことだが、タコの目は色を識別できない。

タコの網膜の光感受性細胞には色素が1つしかないが、人間には3つ、イヌには2つある。タコは彼らの複雑な世界を彩る色彩を知覚し、それらと同化するために、私たちとはまったく異なるシステムを使う必要があると、研究者たちは見ている。タコの「電化皮膚」には、色素胞と神経（乳頭状突起を起立させるためのもの）のほかに、通常は動物の目にあるタンパク質が含まれている。2015年、カリフォルニア大学サンタバーバラ校の進化生物学者たちは、カリフォルニア・ツースポット・オクトパス（*Octopus bimaculoides*）から採取した皮膚片を調べ、それらが光に敏感で、明るさの変化を感知できることを報告した。言い換えれば、タコは皮膚で光を感じたり、見たりできるのかもしれない。

心理学、動物行動学、海洋生態学など、さまざまな学問分野の研究者たちは今、科学者たちがあえて投げかけてこなかった数々の問いの答えを探究している。タコには人間と同じような喜怒哀楽があるのか。何を記憶するのか。どのように学習するのか。未来を想像できるのか。タコでいるのはどんな気分か。疑問は尽きないが、タコが教えてくれたことが1つある。答えを見つけるには、アレックス・シュネルが発見したように「枠にとらわれずに考える必要がある」ということだ。

左ページ：チチュウカイマダコの扁平な瞳は色収差を生み出しているのではないかと考えられている。人間の目では物がぼやけて見えるが、タコが海中を移動するのには役立っているようだ。

PART 2.

撮影者がアンジェリカ・エバンジェリスタと名づけたこのタコは、
カメラ機材に特別な興味を示した。

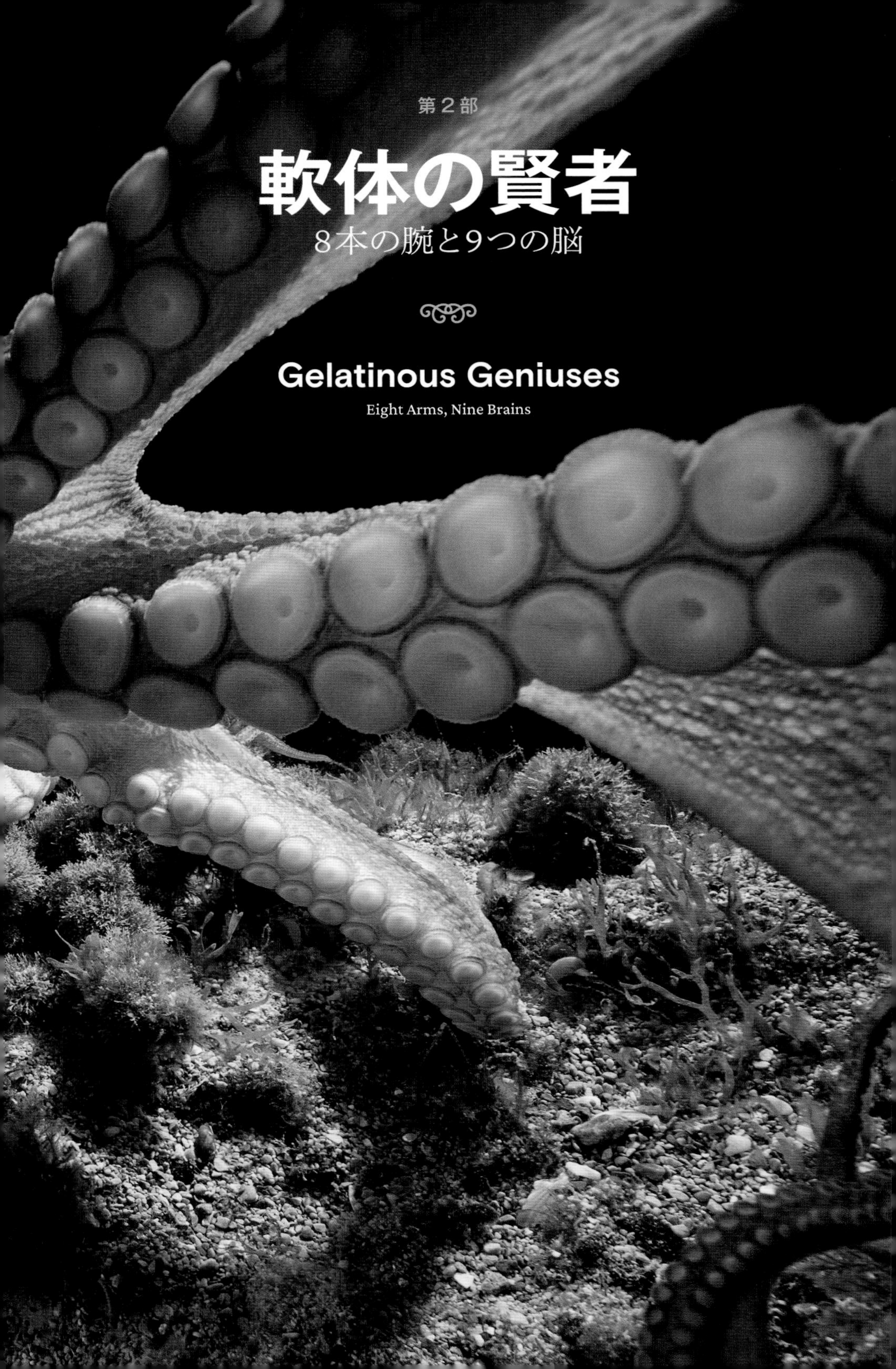

第２部

軟体の賢者

8本の腕と9つの脳

Gelatinous Geniuses

Eight Arms, Nine Brains

インド洋の浅瀬でくつろぐタコ。

の朝、研究室のドアを開けて中に足を踏み入れるやいなや、アレックス・シュネルは緊急事態に直面した。

床の上に、大きさ30センチほどのタコが1匹いたのである。

頭足類の研究を始めてまだ日が浅い彼女だったが、そこがタコのいるべき場所でないことは分かった。タコは空気の代わりに水を吸う。陸に上がれば、皮膚は乾いて干からびてしまう。小型のタコが水から出て生きていられるのは、せいぜい20分か30分がいいところだ。そのうえ、捕まるまいと力強い8本の腕で抵抗する、ぬるぬるの生き物を抱き上げるのは、人間1人の手に余る仕事だ。水の外にいるにもかかわらず、そのタコが感心するほど機敏だったことをシュネルは覚えている。彼女はプラスチックのバケツを手に取ると、タコの外套膜(がいとうまく)をつかんでそっと床から持ち上げ、バケツに入れた。それから、一番近くにあった塩水ホースでバケツに水を満たした。

問題はタコがどうやって脱走したのか？である。研究室にいる20匹のコモン・シドニー・オクトパス（*Octopus tetricus*）はすべて、レンガで重しをした頑丈なプラスチック製の水槽に入っている。タコの入ったバケツを持ったまま、彼女は空の水槽を探した。やがて見つけたそれは、蓋がしっかりと閉まっていた。「本当にびっくりしました」。よく見ると、流出パイプのメッシュカバーを留めていた結束バンドが外れている。タコはサクランボほどの大きさの穴から脱出したのだ。自由を得たタコは、バケツの中でも探索を続けていた。

「私が空の水槽を探している間ずっと、腕を1本、ためらいがちに伸ばして、私の指に触れようとしていました」とシュネルは言う。その日以来、そのタコは脱出芸で有名な奇術師にちなんでフーディーニと呼ばれるようになった。

シュネルの研究生活においては、よくある1日だった。タコには観察を通して学習する能力があると言われ、シュネルはその能力のさまざまな側面を調べていた。しかし、彼らはことごとく研究者を出し抜いた。

ロイヤル・ブリティッシュ・コロンビア博物館を定年退職したミズダコの専門家、ジム・コスグローブは言う。「タコがあまりにも知的な動物なので、私はよく学生たちに言ったものです。『君たちが修士課程なら、タコは博士課程だと思いたまえ』とね」

バーモント州にあるミドルベリー・カレッジのタコ研究室では、獣医学専攻の学生フランシス・ウォーバートンが似たような問題に直面していた。彼女と学友たちは、カリフォルニア・ツースポット・オクトパス（*Octopus bimaculoides*）とアトランティック・ピグミー・オクトパス（*Octopus joubini*）の2種を合わせて30匹、研究対象としていた。あるときT字型迷路でのパフォーマンスをテストするため、1匹のタコを水槽から移動させようとしたところ、タコは「ネットをトランポリンにして」床に飛び降りた。ウォーバートンは部屋中を「ネコみたいに！」逃げ回るタコを追いかける羽目になった。

学生たちは水槽の蓋が開かないよう重しを載せていたのだが、それでもタコは外に出てしまう。ほんのわずかな隙間から、ゼリーのような不定形の体を“にじみ出させる”のだ。プレキシガラス（アクリル樹脂）で仕切られた容量400ガロン（1514リットル）の水槽でも、タコたちはほとんど目に見えない隙間から隣の区画へ入り込み、共食いを始める始末だ。ウォーバートンがタコを迷路に入れると、彼らは迷路を進むどころか、半分の確率で隅っこに隠れてしまう。教授や指導教官の前で論文を発表したときもそうだった。しかも、タコは隠れる前に噴射口から氷のように冷たい塩水をウォーバートンに浴びせかけ、とっておきのスーツをびしょ濡れにしてくれた。

ミドルベリー・カレッジのタコ研究室はその後、開設者である教授の引退を機に閉鎖されてしまったが、ウォーバートンはそこでタコを相手に仕事をするのが好きだった。ただし、「毎日が災難の連続でした」と、当時を振り返る。

タコの素行については、水族館の飼育員の間でも数々の武勇伝が語り継がれている。サンタモニカでは、前々から水槽のバルブをいじっていたらしい20センチのカリフォルニア・ツースポット・オクトパスが、水族館のオフィスを数百ガロンの海水で水浸しにし、貼り直したばかりの床を台無しにした。ドイツ、コーブルグのシースター水族館では、オットーという名のチチュウカイマダコが3日連続で電気系統全体をショートさせた。飼育員がひと晩張り込んだ結果、その手口が判明する。オットーは水槽の屋根に登り、頭上にある2000ワットのスポットライトに噴射口を向け、ライトが消えるまで水を浴びせていた。オットーは水槽で同居するカニをジャグリングするようにもてあそんだり、水槽のガラスに石を投げつけて傷つけたりもした。シアトル水族館では、ジャズロックに歌われた小悪魔的な女性にちなんで、あるミズダコが「ルクリーシャ・マッキービル」と名づけられた。ルクリーシャはフィルター含め水槽内にあるものをすべて分解する癖があった。

シュネルが脱走したタコをフーディーニと名づけたのも無理はない。彼らは脱出の名手なのだ。英国のプリマスにある海洋生物学・生態学研究センターの職員、L・R・ブライトウェルは、ある朝早く研究所の階段を上っていくと、階段を這い降りてくるタコに遭遇した。ブライトウェルがトロール船に便乗して英仏海峡を調査したときにも、タコの脱出劇が繰り広げられた。漁師が釣り上げたばかりの小さなタコをうかつにも甲板に放置してしまい、2時間後、タコは船室のティーポットに収まっているところを発見された。

2016年春には、インキーという名のマオリタコ（*Macroctopus maorum*）が、新聞の見出しを飾った。ある晩、水槽の蓋が少し開いていることに気づいたインキーは、そこから這い出した。翌朝、粘液の跡からその逃走経路が明らかになる。インキーはプディングのようなフットボール大の体で水槽の縁を乗り越えたあと、床まで這い降り、およそ2.4メートルの距離を這って排水口に潜り込んだ。そこから排水管を50メートル伝って、2年前に捕獲されたホークス湾に帰ったのである。

インキーも、よもや故郷に帰れるとは思っていなかったかもしれない。しかし、脱走者たちには、それぞれの目的があったようだ。時は1873年にさかのぼる。英国のブライトン水族館で、ダンゴウオのストックがこれといった理由もなく、じわじわ減り始めた。ある朝、従業員がダンゴウオの水槽で1匹のタコを見つける。どうやらこのタコ、夜な夜な自分の水槽を抜け出しては“隣人たち”で腹を満たし、朝になって人間が出勤してくる前にねぐらへ戻っていたらしい。

19世紀と20世紀にも、明らかによその水槽を襲撃するために脱走したタコに関する似たような証言が、数多く聞かれた。1980年代には、ボストンのニューイングランド水族館のミズダコが、自分の水槽から1メートル離れた水槽で研究用に飼育されていたヒラメを食べているところを発見されている。2015年、バミューダ水族館・博物館・動物園で、生きているはずのカニが甲羅だけになっているのが相次いで見つかったときにも、犯人は隣の水槽のチチュウカイマダコと判明している。

このような騒動は、タコが悪魔的とは言わないまでも高度な知性の持ち主であることを示唆しており、研究者はそれを記録に残そうと躍起になっている。人間よりもハマグリに近い無脊椎動物が知性を備えているらしいというのだから、熱が入るのも当然だ。しかし、タコの頭脳をこれほど興味深いものにしている種々の特性そのものが、調査を極めて困難にしていることも否定できない。

シュネルは当時ハーバード大学に在籍していたオーストラリア人の科学哲学者、ピーター・ゴドフリー＝スミスと共同で、タコが自らの世界を把握する方法を記録しようとしていた。タコが器用に瓶の蓋を外したり箱を開けたりすることはよく知られている（食べ物が入っている場合は特に）。彼らは試行錯誤だけで学ぶのか、突然ひらめくのか、それとも多くの霊長類、鳥類、ネズミ、さらにはマルハナバチのように他者を見て学ぶのだろうか。

それを確かめるため、シュネルはタコをグループ分けして別々の水槽に入れ、各水槽の前に高解像度のテレビ画面を置いた。あるグループにはおいしいカニの爪の入った瓶を人間の手が開ける映像を見せ、別のグループにはカニの爪が入った瓶が映っているだけの映像を見せた。第3のグループには岩の映像を見せた。どのグループが真っ先に瓶の開け方を覚えるか調べるのが目的だった。結果はどうなったか？

タコたちはシュネルを困惑させ続けた。

「協力的な個体もいれば、拒絶する個体もいました」とシュネルは振り返る。反応が一様でないのは当然だ。タコは個性豊かなことで知られ、水族館では個性に合わせた名前をつけることも珍しくない。シアトル水族館に

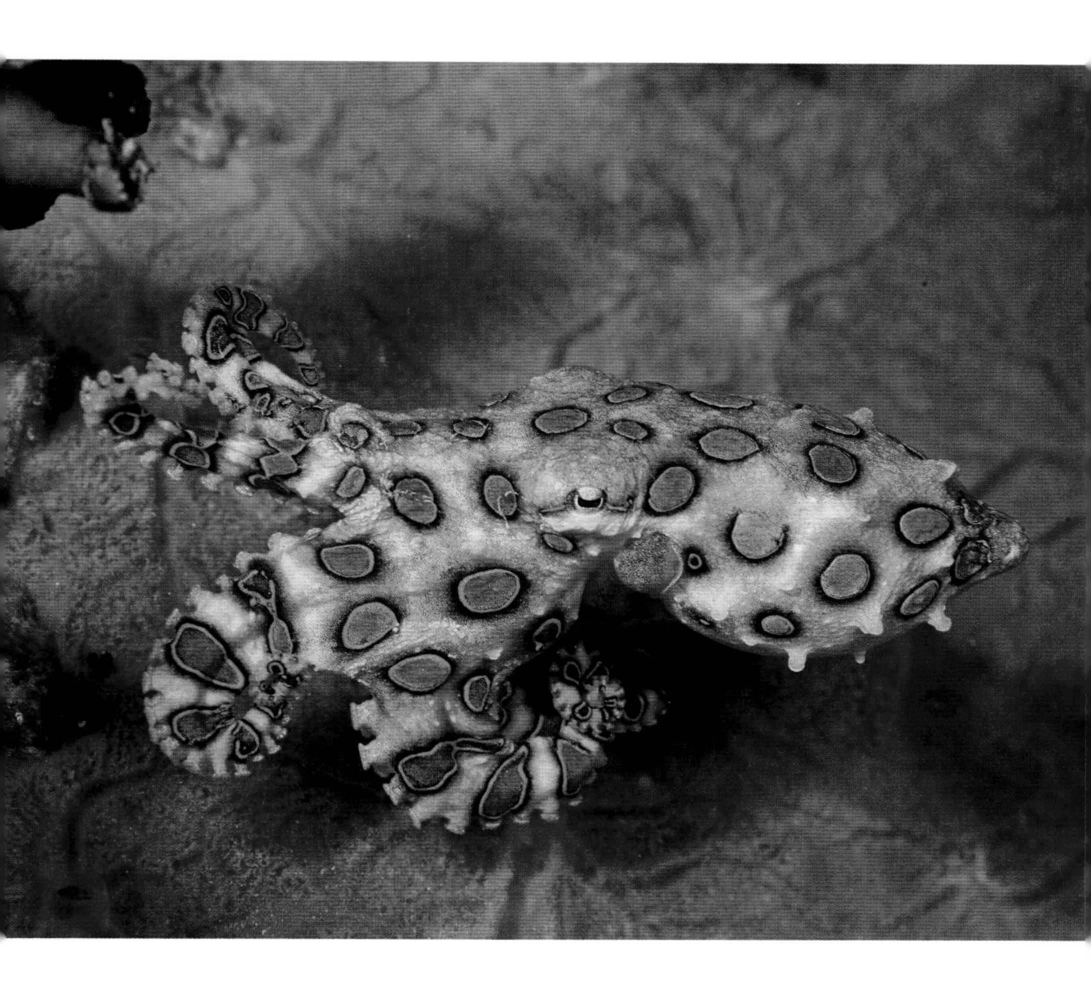

はルクリーシャ・マッキービルのほかに、レジャースーツ・ラリー（成人向けビデオゲームの主人公）という名のミズダコもいた。飼育員によると「いつも腕でこちらの全身をまさぐってくるから」だそうだ。また、エミリー・ディキンソンというミズダコは19世紀米国の詩人と同じく内気で、フィルターの後ろに隠れて出てこないため、元いたピュージェット湾へ戻すほかなかった。

タコの反応を予測することもまた難しい。彼らが人間同様に気分屋であることを、シュネルは実験を通して思い知らされた。「進んで参加してくれる日もあれば、そうでない日もある。信頼できるデータを取るのが困難で

上：インドネシア沖のサンゴ礁を探索する
猛毒のオオマルモンダコ（*Hapalochlaena lunulata*）。

した」

そこで彼女は心機一転、「髪の毛が抜けるほど気に病む必要がないような動物を試してみよう！」と考えた。白羽の矢が立ったのは、タコと同じ頭足類で、時に海におけるタコの隣人ともなるオーストラリアコウイカ(*Sepia apama*)である。表情豊かなW字型の瞳を持つこの動物は、色や形を変える能力こそタコと同じであるものの、8本の比較的短い腕と2本の長い触腕はタコほど器用ではないため、水槽から脱走する恐れは少ない。また、個体ごとの性格はあるが、タコほど気分屋ではないと言われている。

大変なのは、そこからだった。どんな動物種であっても、知能を調べるテストの設計は容易でない。例えば、研究者は掛け釘と大小さまざま穴を設けた実験室にチンパンジーを入れ、チンパンジーがパズルを解くと、優秀だと宣言した。しかし、オランウータンは課題に挑戦しようともしなかった。霊長類学者のビルーテ・ガルディカスによれば、「たんに興味を示さなかった」のだ。

霊長類を対象にした別の実験では、当初、ゴリラには自己認識が欠けていると結論づけられた。鏡を見ても、そこに映っているのは自分だと認識しなかったからだ。やがて別の説明が成り立つことが分かった。ゴリラの世界では、ほかの個体の目を見つめることは威嚇に当たるので、飼育下のゴリラはあえて鏡から目を逸らす。よく似た例だが、カナダの研究者コスグローブが撮影クルーと協力して、野生のミズダコでミラーテストを試みたことがある。メッシュの袋に数匹のミズダコを捕獲し、海底に立てた約1.8メートル四方の光沢あるステンレスの近くに放してみた。映った姿を別のタコだと思うのか、自分と認識するのか知りたかったのだが、答えはどちらでもなかった。おびえた数匹は早く捕獲者から遠ざかろうと一目散に逃げてしまった。別の数匹はステンレスに見向きもせず、すぐ前を素通りした。1匹だけが光り輝く物体に気づいたようだった。

「そのタコは動いている自分自身を見ても自分だとは認識せず、反射しているものを見ているという事実さえ認識していませんでした」とコスグローブは振り返る。

シュネルは、私たちとあまりにも異なる生物であるタコの知能をテストするには、「エレガントなデザインを考え出さなければならない」ことに思い至る。それも「生態学的に適切なもの」、つまり野生動物が自然に解きたがるような問題を考案することである。「ただし、膨大な量の訓練や、結果が明瞭でなくなるほど多くの対照群はなしで」

このことを念頭に、シュネルはコウイカを使って頭足類の賢さを調べる新しいテストを考案する。そして発見したことは人々の度肝を抜き、「思考」に対する私たちの考え方を一変させた。

どうすれば軟体動物の心を推し量れるのだろうか？

軟体動物に心があるという考え方は、比較的新しい概念だ。タコは軟体動物門に属するが、この大きな動物門の中で最も私たちに身近な動物と言えば、ハマグリ、ナメクジ、カキ、カタツムリといった有殻生物（殻を持つ生物）だろう。ハマグリやカキなど多くの軟体動物には、そもそも脳がない。

また、タコの頭の中を覗き見ることができたとしても、どれが脳なのか、まったく分からないかもしれない。入念に描かれたタコの脳の解剖図でさえ、米国の漫画家ルーブ・ゴールドバーグが考案した複雑怪奇な機械装置の模型か、火星に咲く花の模式図と見間違えそうだ。それほど、私たちの脳とは似ても似つかない代物なのだ。

人間の脳は殻（頭蓋骨）に包まれたクルミのように見えるが、タコには頭蓋骨がなく、脳は喉の周りに輪を巻いたような形をしている。実際、タコがそしゃくできないほど大きな塊をほおばり、無理に飲み込もうとして、脳を損傷することがある。人間の脳には、外側溝と呼ばれる深い裂け目にある島皮質など5つの異なる脳葉があり、それぞれが異なる機能に関与している。タコの脳には50～70の葉があるとされるが、その数は種によって、またどの科学者が数えるかによって異なる。

人間の神経系は860億個のニューロン（外界からの感覚入力を受け取り、処理する役割を担う細胞）で構成され、そのほとんどが脳の中にある。しかしタコにとって、脳は神経系で最も小さな構成要素でしかない。タコの全ニュー

カリフォルニア沖の海中で、
ヒトデの親戚に当たるクモヒトデの群れに潜むタコ。

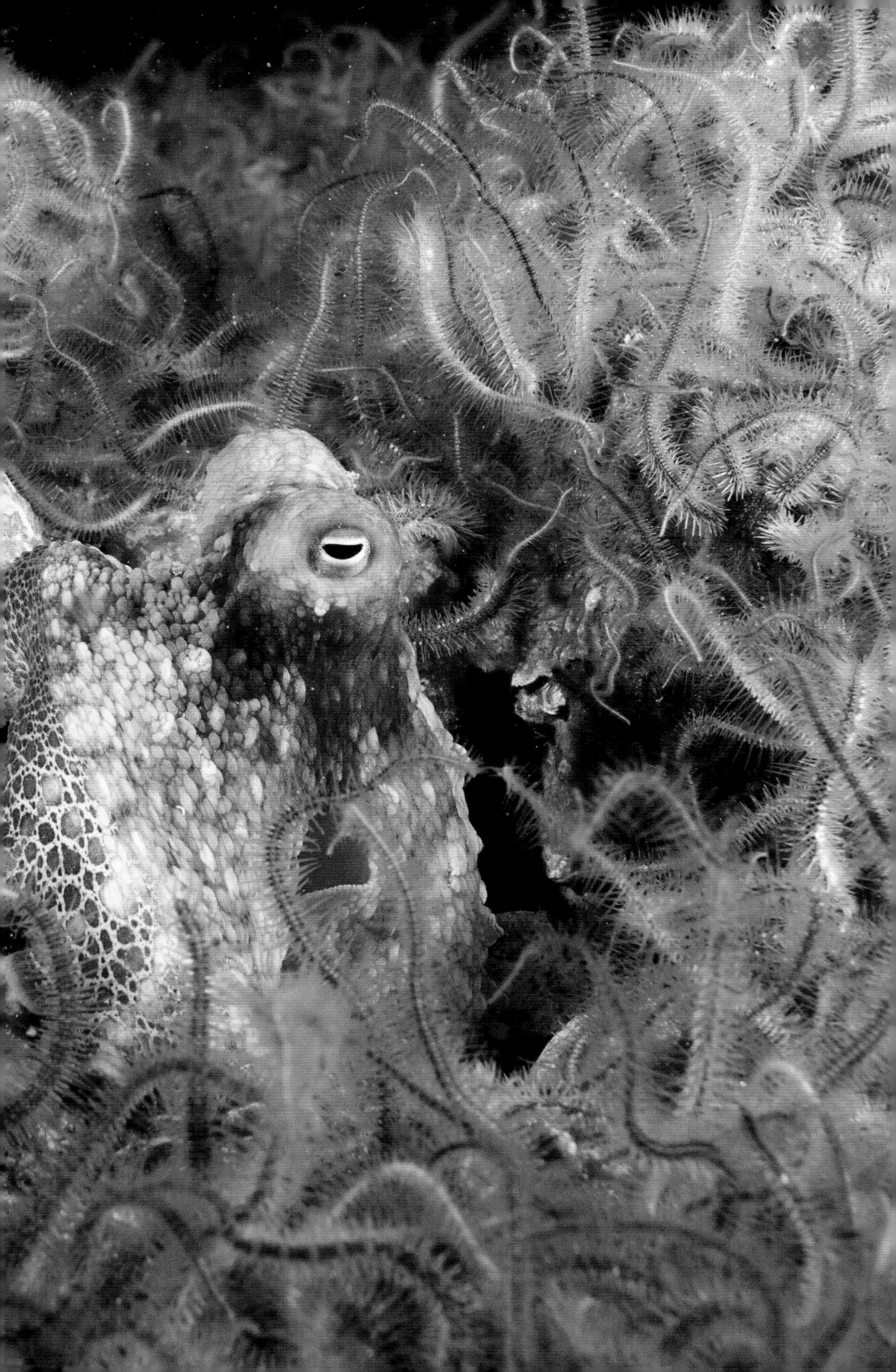

ロンの5分の4（おそらく3億5000万個）は8本の腕の中にある。

ブルックリン・カレッジの生体模倣認知ロボット工学研究室を率いる心理学者フランク・グラッソの記述によると、タコの腕1本1本に「1体の生物の脳」に相当するものがある。8本の腕のそれぞれに、大量の情報を処理できる脳のような処理センターが備わっている。そして特定の状況下では、個々の腕が頭にある脳からの入力なしに完全に機能することができる。たとえ捕食者のどう猛な歯や邪悪な研究者のメスによって体から切り離されたとしても、タコの腕は自力で動いて何かをすることができるのだ。

切り離された腕で獲物を捕らえることさえ可能だ。もちろん、捕まえた獲物を体内に取り込むための口や、腕に栄養分を送ってくれる消化器官はすでに遠く離れてしまっているかもしれない。しかし幸いなことに、タコの失われた腕は再生できる。しかも、トカゲが失った尾にそこそこ似たものしか生やせないのと違い、タコの腕は完全な複製として再生できるのだ。タコの雄が、特殊な機能を有する右第3腕を失った場合でも、それは変わらない。雄の右第3腕は先端に吸盤がなく、精莢（せいきょう）（精子の塊がパックされたカプセル）を雌の体内に挿入することができる。

タコの特異な神経系には興味深い側面がある。ニュージーランドの哲学者シドニー・カールス=ディアマンテが『Frontiers in Systems Neuroscience』誌に寄稿した2022年の論文で示唆したとおり、「タコの腕は、われわれが現在慣れ親しんでいるものとは根本的に異なる意識の可能性を提示している」のかもしれない。タコの腕1本1本に「それぞれの意識空間」があるとしたらどうだろう？　タコには複数の「自己」から成る意識があり、それらを何らかの方法で1つの体に統合しているとしたら？　内気な腕、大胆な腕というように、腕ごとに異なる性格を持っているということがあり得るだろうか？

タコの知性の調査が、乳頭状突起のある皮膚と同じくスムーズでないのも不思議はない。

「科学では難しいのです。動物の行動を研究する人々は意識や感覚から距離を置きがちです。非常に異論の多いテーマですから」とシュネルは言う。一部の科学者や哲学者は、人間にすら意識というものが存在することを疑問視している。「（意識の）測定は難しく、定義さえ難しい」とシュネルも認める。そして、タコについて言えば、「私たちと言葉で意思の疎通を図ることもできません」。では、自分たちと極めて異なる生き物が何を考えているか知るには、どのようなテストを設計すべきだろうか？

意識や感覚といった概念は、逃走中のタコさながらにつかみどころがない。それは、人間にも当てはまる。人間心理学における画期的な実験の1つは、自分が世界について何を理解しているのかを必ずしも明瞭に語ることのできない他者、つまり就学前の児童の精神生活を調査するために考案されたものだ。

「スタンフォード大のマシュマロテスト」と呼ばれるこの実験は、未就学児が自らの欲求充足を先延ばしにする能力を測定するため1972年に開発された。プレッツェルとマシュマロどちらが好きかを子どもに選ばせ、今すぐ1つ食べるか、あとで2つ食べるかを選択させる。数年後に追跡調査したところ、少し我慢してから2つ食べた子は、誘惑に負けた子よりもSAT（大学進学適性試験）のスコアが高かった。ほかの追跡調査を見る限り、マシュマロテストは成人後の行動を強く予知させるものではなかったが、目先の満足を見送る能力は、次第に複雑化する意思決定を行ううえで重要なステップであると、今も考えられている。

もちろん頭足類はマシュマロを食べないし、SATを受けたり、言葉による指示に従ったりもしない。しかし、マシュマロテストその他、人間の記憶や意思決定をテストする実験をイカの嗜好や才能に合わせてアレンジすることができれば、軟体動物が選択を行う仕組みを覗き見るレンズが作れるかもしれないと、シュネルは考えた。イカは過去の経験を活用しているのだろうか。また、彼らは未来を予測できるのだろうか。

ヒントをくれたのが、恩師の1人であるケンブリッジ大学のニコラ・クレイトン教授だった。クレイトンは飼育下のカケスを使った画期的な実験で、鳥の記憶力や問題解決能力がいくつかの点でチンパンジーや人間の子どもに匹敵することを明らかにした。しかし言うまでもなく、シュネルの仕事は簡単ではなかった。何しろ、マシュマロよりミールワームを好み、手や指ではなく足やくちばしを使い、言葉ではなく行動で質問に答える生き物に対応した実験を考案しなければならないのだ。

まず、コウイカを訓練する必要があることにシュネルは気づいた。「骨の折れる作業です」と彼女は言う。動物を訓練するには、ご褒美が必要だ。コウイカの喜ぶごちそうは何だろう？　圧倒的に気に入られたのは生きたグラスシュリンプだった。冷凍のバナメイエビはあまり喜ばれなかった。

次に、それぞれの餌を異なるシンボルと結びつけることをコウイカに教え込む必要があった。最終的な実験で、シュネルは被験体のコウイカに2つの水中室を提示した。1つには丸印がついている。その部屋に冷凍エビを落とすと、プレキシガラスの扉がすぐに開き、コウイカは採餌用の2本の長い触腕で餌をつかむことができる。もう1つの部屋には三角形の印がついており、シュネルが好物の生きたエビをその部屋に落とすのを、コウイカはプレキシガラスの扉越しに見ることができる。最初、コウイカは閉まった扉を採餌用の触腕で突いてみるのだが、やがてそれが徒労だと悟り、扉が開くのを待つようになる。三角形の印のついた扉は好物の餌に通じているが、その餌にありつくには待たなければならないことを、コウイカは数日かけて学習する。

次に、コウイカは新たな学習課題を与えられる。2つの水中室が同時に提示されるのだ。片方には生きた餌、もう片方には冷凍エビが入っている。しかし、コウイカが一方の部屋の餌を食べると、もう一方の部屋の餌は取り除かれる。コウイカはどちらかを選ばなければならないことを学ぶ。両方食べることはできないのだ。

最後に、2つの異なるごちそうがあることを示す丸と三角の印が、再び部屋につけられる。コウイカが丸印の部屋に急げば、すぐにエビを食べることができるが、おいしいグラスシュリンプは取りあげられてしまう。三角の印がついた部屋の前で待てば、最後にはグラスシュリンプを食べることができる。

「誘惑に満ちた難しい決断です」とシュネルはコウイカに同情する。実際、この実験ではコウイカの精神的な葛藤を目の当たりにすることができる。彼らは時に独特な形状の目をあえてバナメイエビから逸らし、おいしそうなグラスシュリンプが出てくるのを待っているように見えるそうだ。実は、マシュマロテストに参加した子どもたちも同じような戦術を用いる。手で目を覆ったり、近くのおもちゃで遊んだりして気を紛らせ、より良いご褒美が出てくるまでの時間をやり過ごすのである。

シュネルのコウイカは、好みのごちそうにありつくため50～130秒も待つことができた。慎重に設計した実験のおかげで、コウイカは食べるのをただ待つ以上のことを学習した。特定の結果を特定のシンボルと結びつけることを覚えたのである。コウイカは訓練を記憶していた。三角形が好物を示す印であることを知っていたため、扉の向こうにいるグラスシュリンプを見なくても、より好ましいごちそうが、ほかでもないその部屋に現れることが分かったのだ。そして彼らは、この教訓を現在の行動の指針にすることができた。

この異例の実験により、脳のないハマグリやカキと近縁の無脊椎動物は、賢いとされる動物種にこそふさわしいとされる記憶力、学習能力、自制心を持つことを初めて証明した。これらの点で、頭足類はカラス、オウム、チ

上：アレックス·シュネルの実験で、
エビがいる水中室の扉が開くのを待つコウイカ。

ンパンジーと同等だった。

もっとも、人間同様コウイカにも個体差があり、誰もが誘惑に勝てるわけではない。「せっかちな子もいてね」とシュネルは言う。「ある若齢の雌のコウイカは、私が餌をやりに行くまで、何度も漏斗(ろうと)から水を噴いていました。彼らはとても個性的です」

ここで再びインドネシアの海底に戻ろう。そこでは、メジロダコもまた人間じみた奇妙な行動を見せる。ただし今度は海底を気取って歩くだけでなく、かさばる荷物を持ち運んでいるのだ。

半分に割れたココナッツの殻を抱えて歩くタコは、空港で重く扱いにくい荷物と格闘する旅行者をほうふつとさせる。実際、メジロダコの荷物は自身の体よりも大きい。それを運ぶには、まずリンゴ大の体の下に、凸面が下を向くように置かなければならない。長さ15センチほどの腕を数本使い、その先端で殻をつかむと、残りの腕でぎこちなくつま先立ちをし、泥に覆われた海底をよちよちと後ずさりするのである。

オーストラリア、メルボルンのミュージアムズ・ビクトリアに所属する研究者、ジュリアン・フィンは、ある日、別種のタコを探していたとき、半分に割れたココナッツの殻が海底に転がっているのに気づいた。それが動き出したかと思うと、殻のドームの下から1匹のメジロダコが出てきた。フィンが目を奪われた次の瞬間、まさに目からウロコが落ちるようなことが起きる。タコは殻をひっくり返し、上に飛び乗ると、数本の腕で不格好な獲物を抱え、おぼつかない足取りながら、急いでその場を離れようと歩き始めたのである。

「しばらくあとを追ってみました」とフィンは言う。タコが次に示した行動は彼を驚かせた。不格好な荷物を引きずるように運ぶこと数分、タコは泥に沈んでいたココナッツの殻のもう半分を見つけ、それをつかんだのである。そして運んできた殻の適度な湾曲に体をフィットさせると、吸盤を使ってもう半分の殻を引き寄せ、球状のシェルターを作り出した。フィンの言葉を借りれば、タコは「一種の防護服で身を包んだ」ことになる。
つまり、タコは道具を作り、使っていたのである。
1960年にジェーン・グドールが「チンパンジーが小枝を使ってシロアリを巣から釣り上げるのを目撃した」と報告するまで、道具の使用は人間とほかのすべての動物を隔てるルビコン川のようなものと考えられていた。道具を使うことは、ある界隈では人類の決定的な特徴の1つであり、高度な知性が成し得る最高の成果と考えられていた。
ところがやがて、ほかの種も道具を使うという報告が、動物行動学者たちから相次いでなされる。イルカは海底の砂をかき混ぜるためカイメンを携行し、オランウータンは小枝で作った笛を吹いて捕食者を追い払う。カラスは隠れているイモムシを小枝で突き刺し、ゾウは折った枝で体をかき、ハエをたたき、小さな水穴に蓋をして水が蒸発するのを防ぐ。
一般的に道具の使用と高い知能は、今挙げたような高度に社会的で長命な種が必要に迫られて形成するものと考えられてきた。確かに、最も賢い動物として思い浮かぶのは、人間と同じく複雑な社会集団の中で種々の困難を乗り越えなければならない動物たちだ。例えばゾウは、雌同士の絆で結ばれた総勢100頭の群れで生活している。私たちと同じように、育ての親や伯母・叔母、あるいは年上の甥や姪からことあるごとに学びつつ、長い子ども時代を天真爛漫に過ごすのだ。また、若いオランウータンは8歳になっても母親から授乳を受ける。
こうした賢い動物種は、私たちと同じように驚くほど長生きする。ノンジャという名のオランウータンは、飼育下の個体としては世界最長（当時）の55歳まで生きた。飼育下のカラスは30歳まで、幸運なイルカは60歳まで、アフリカゾウは70歳まで生きる可能性がある。長い生涯を通じて、多くの血縁者、友人、敵と競争または協力するという試練が、大きく複雑な脳の進化を促したと考えられている。
しかし、タコはどうだろう。「ほぼ正反対です。生き急いで、若死にするのだから」とシュネルは指摘する。タコの中では長命な部類に属するミズダコでさえ、3年半ないし5年しか生きられない。タコの母親は卵の世話はするが、子の面倒は見ない。孵化したばかりのわが子たちを巣穴から大海原に送り出すために、最期の息を吐くと言ってもいいぐらいだ。また、野生のタコに関する文献のほとんどが、タコは概して一匹狼だと主張する。そんな彼らが、どうやって並外れた知能を持つ動物へと進化したのだろうか。

「体の構造を考えてみると、タコは私たちとは想像もつかないほど異質で、かけ離れた生物です。でも、私が知りたいのは、彼らの心も同じくらい私たちからかけ離れているのかどうかです」とシュネルは言う。頭足類の認知能力をチンパンジーやカラスのそれと比較することで、この謎に取り組んでいる。

彼女が下した結論はこうだ。タコは脊椎動物とはまったく異なるルートで、類まれなる知性を進化させた。その賢さは長寿と集団生活の要請によって形成されたのではなく、遠い昔に祖先の殻が失われたことによって誕生したのである。

タコの進化において、殻を失うことはいわゆるトレードオフだった。軟体動物ならあって然るべき鎧を失ったタコの祖先は、おびただしい数の新たな捕食者にさらされることになる。そして新たな難題が持ち上がった。食べ物や隠れ家が見つかりそうな場所を探し当て、記憶しておくこと。しかも敵の注意を引かずにそうする必要があったのだ。「このような生態学的な要請は、事実、カラスやチンパンジーの知能を発達させる大きな原動力でした」とシュネルは言う。「同様の環境的課題をタコも経験したのだと、私たちは考えています」

殻から解き放たれたタコは、自由に移動し、物体を扱い、学習し、記憶し、そしておそらく他者の心の働きを想像できるようになった。自分たちとは驚くほど違っていて、それでいてスリリングなほど似ている動物の心の働きを。

とある晩のこと。ハイジという名の若いワモンダコが、水槽のガラスに吸盤を貼りつけていた。そこは、アラスカ・パシフィック大学の動物行動

ハワイ島沖の外洋で
水中を浮遊するワモンダコ。

学者デビッド・シールが10代の愛娘ローレルと暮らす自宅のリビングルームだ。タコの皮膚は白く、滑らかに見える。外套膜は頭の後ろに力なく垂れ下がり、腕は動かず、目は閉じられている。自分の行動を記録するビデオカメラには気づかず、安らかに眠っているようだ。

やがてハイジの皮膚がレモン色に変わる。乳頭状突起が隆起し、体が赤褐色に瞬いたかと思うと、再び白くなる。外套膜が心臓のように脈打ち、皮膚の色が濃くなり、黄に茶が混じったまだら模様を呈する。皮膚は刺々しい。閉じたまぶたの下で球根のような目が旋回する。外套膜の色がじわりじわりと変化していき、腕の湾曲した先端がくるくると回る。

それでも、ハイジは水槽のガラスにへばりついたままだ。

水槽の中に、彼女が色、質感、形を変化させる理由を説明するものは見当たらない。餌も存在しない。頭上に影がさしているわけでも、水温や水質が変化しているわけでもない。水槽の中にも外にも、彼女の眠りを妨げるような動きは一切なかった。

いったい、何が起きているのだろうか。その映像を見たシールは、ハイジが内的ドラマに反応している可能性があるという刺激的な見解を示す。内的ドラマとは、あらゆる哺乳類の夜ごとの眠りの中で展開するものだ。

「もし彼女が夢を見ているとしたら、これは劇的な瞬間です」。ハイジの明るい体色が不意に暗くなる映像を見ながら、赤毛の教授はつぶやく。彼の想像によると、夢の中のハイジはカニを狩り、捕まえ、それを食べるため巣穴に引きこもったところかもしれない。

この映像は2019年に放送されたPBSのドキュメンタリー『Octopus: Making Contact』の一部としてインターネットで拡散し、議論を巻き起こした。夢とは私たちが夜な夜な自分自身に語り聞かせる詩——フロイトはそう考えた。タコもまた、眠りながら水にまつわる詩を紡ぐことでドーナツ型の脳をリフレッシュさせているのか？　タコの皮膚の変化から夢を読み取ることはできるのだろうか。ブラジルの研究所や西インド諸島の海域を舞台に、研究者たちがその謎を突き止めようとしている。

ブラジルのリオグランデ・ド・ノルテ連邦大学の脳研究所で頭足類を研究する神経科学者シルビア・リマ・デ・ソウザ・メディロスが発見したよ

うに、最初の一歩は、4匹のブラジル・リーフ・オクトパスが本当に眠っているか確かめることだった。

その判別は時に困難だ。哺乳類と同じくタコも好きな寝場所を選び、私たちと同じようにタコも典型的な睡眠姿勢を取る。彼らの場合、頭を下げ、腕を体に巻きつけるポーズがそれに当たる。また、寝入りばなに呼吸が遅くなるのも、人間と同じだ。ただし睡眠中のタコの目は、瞳孔こそ縮んで細長くなるものの、開いたままかもしれない。起きているタコが、睡眠中と同じように長時間じっとしていることもある。眠りながら活動しているように見える動物は、ほかにもたくさんいる。クジラやイルカは脳の半分しか同時に眠らず、睡眠中も息継ぎのため海面に浮上する。渡りを行うグンカンドリは、急上昇や滑空飛行の最中に短い睡眠を取る。

メデイロスはタコがいつ眠っているのかを確認するため、さまざまな刺激に対するタコの反応をチェックした。原則として、反応が鈍れば、それは睡眠の定義を一部満たすことになる。メデイロスは同僚のミツィアラ・デ・パイバとともに、別室にナイロンの紐を張り、それを引くとゴムハンマーがタコの水槽をたたく仕掛けを作り、4つの異なる強度でテストした。また、別の種類の刺激も試してみた。タコのお気に入りの休息場所のすぐ前にスクリーンを置き、ちょこちょこ動くカニの映像を流したのだ。起きているタコは画面を攻撃せずにはいられない。メデイロスは日中に連続して12時間、タコの行動を記録するほか、刺激テスト中はずっと記録を続け、反応があったときに二重チェックを行った。タコがどの刺激にも反応しなかった場合、そのタコは眠っていたことになる。

メデイロスが発見したのは、タコにも人間のように2つの異なる睡眠段階があり、目覚めるまでにそれが何度か繰り返されるということだった。彼女が論文原稿に最後の修正を加えているまさにそのとき、眠るハイジの映像が放映され、実験結果が裏付けられた。

ハイジが見せたような眠りの第1段階は、メデイロスが言うところの「静的睡眠」である。このとき、タコは蒼白で動かず、目が細くなっている。この段階は数分間、平均で415.2秒続く。その後、人間の睡眠と同じように、メデイロスが「動的睡眠」と呼ぶ明らかに異なる段階へ移行する。呼吸が

海洋生物学者のデビッド・シールは、
ハイジと名づけたタコを自宅の水槽で飼育していた。
家族でテレビを見ていると、
ハイジもガラス越しに画面を見つめていたという。

速くなり、目が飛び出し、吸盤がすぼまり、腕がけいれんする。
最も興味深いのは、皮膚の色と模様が目まぐるしく変わることだ。この段階は短く、40秒ほどしか続かない。その後また同じサイクルを繰り返す。彼女の研究室のタコたちは、1日平均10回の「動的」期間と17回の「静的」期間を繰り返した。レイチが同僚のC・E・オブライエンと実施した予備テストによると、野生のタコは、このような“休止”を24時間当たり2～9回発現すること、また、昼夜を問わず突発的に睡眠を取る可能性があることが分かった。
メデイロスは2021年の『iScience』誌に掲載された論文で、タコの睡眠をレム（急速眼球運動）睡眠と混同されないよう注意を払っている。レム睡眠は人間の睡眠段階であり、この間に人は夢を見る。レム睡眠かどうか確かめるには頭部に電極を付けて脳波を測定するしかないが、タコは引きはがしてしまうだろうし、ぬめりの問題もある。
「科学者として、彼らの夢を調べることはできません」とメデイロスは言う。しかし、日々新しい問題を解決するため優れた記憶力と機転を必要とする賢い動物にとって、「動的睡眠」は、人間にとっての夢を見る睡眠と同じように、記憶をまとめる機能を果たしているのではないか。そう推測するのに十分な理由がある。
「人間でも、テストの夢を見ると、翌日のテストの成績が良くなることが分かっています。タコの脳も多くの情報を取り込んでいるから、それらを処理して統合する何らかの方法がいるはずです」
しかし、このような驚くべき行動が、飼育下という異常な状況に対する反応でないと、どうして言い切れるだろう？　「もっともな疑問ですね」とメデイロスも認める。だからこそ彼女は、タークス・カイコス諸島のコックバーン・ハーバーにあるスクール・フォー・フィールド・スタディーズ（SFS）海洋資源研究センターで、C・E・オブライエンとの共同研究にいそしんでいるのだ。本書が印刷に回されるときも、彼らは日中活動するタコと夜間活動するタコを含む3種を野生下で撮影している。「このような自然環境での記録は、これまで誰も試みたことがありません」とオブライエンは胸を張る。彼らはタコの巣の前にビデオカメラを設置し、24時間連続の撮影を行っている。

実験室での成果は飼育下のタコにしか当てはまらないかもしれない。いっぽう現地調査にはまた別の複雑さがつきまとう。ココナッツの殻を運ぶタコを例に説明しよう。確かに彼らは道具を使う。とはいえ今日、道具の使用は驚くほど広範囲に及んでいることが報告されている。魚は岩をハンマー代わりにザルガイの殻を割るし、スズメバチは小石で巣穴を塞ぐ。

メジロダコが荷物を運ぶ姿を見たジュリアン・フィンが最も感心したのは、その荷物が「すぐには役に立たない」ことだった。それどころか、殻を運ぶことで「かえって無防備になる」。ゆっくり、よちよちと歩く姿は、捕食者の注意を引く恐れがある。タコがあとで使うために危険を冒してまでこの道具を回収しようとするのは、人が雨に備えて傘を持ち歩くように、将来のことを考えている証拠ではないか。フィンはそう問いかける。

しかし、この海域をよく知るクリスティン・ハファードには、半分に割れたものを1つに合わせてシェルターを作らずとも、そのような殻が役に立つことが十分想像できる。「このメジロダコの生息地にはシャコがたくさんいます」。シャコは砂の中に隠れて獲物を待ち伏せし、強力な槍のような前肢で襲いかかる。同じく砂に潜んでいるミシマオコゼという魚は上部に目がついているだけでなく、上向きの大きな口を持ち、警戒心の薄い動物を丸のみしようと待ちかまえている。「もし私があの生息地の住民で、いつ槍が飛び出してくるか分からないとしたら、盾を持ち歩きたいと思うでしょうね」とハファードは言う。

インドネシアのレンベ島の沖合で『解明！ 神秘なるオクトパスの世界』の撮影中、ディレクターのアダム・ガイガーと番組ホストのアレックス・シュネルが目撃したタコは、一枚上手だった。「巣穴の中でタコとシャコが戦っていました。ふとタコが外を見て、貝殻を見つけると、タコはそれを巣に取り込んで、盾みたいに使ったのです。それで何ができるか、明らかに分かったうえでの行動でした」とガイガーは説明する。なんと賢い一手だろう！

メジロダコが道具を使うのは明らかとはいえ、こうした野外での観察は、タコが将来の計画を立てていることを証明するものではない。タコが実際に何を考えているのかを解明するには、実験室での発見と海中での観察を組み合わせた慎重な実験が必要だ。

「実験室での実験は、タコの認知能力がどれほど複雑かをまだ証明できていません」とシュネルは言う。「でも、いっぽうで、野外での観察に鼓舞されるのは確かです！」

ハファードは「水族館の飼育担当者から学ぶこともたくさんあります」と言い添える。それぞれの飼育環境からモザイクのピースが得られるのだ。研究者たちはピースを1つずつ集めながら、タコの精神世界をより明確に描き出した絵図を完成させたいと願っている。

テキサス州ダラスに住むナンシー・キングは喜んで認める。ペットのタコが自分を“しつけた”ことを。

数年前、キングは野生のカリフォルニア・ツースポット・オクトパスを捕まえ、容量55ガロン（208リットル）の海水水槽で飼い始めた。その小さな雌ダコを、キングはオリーと名づける。オリーはすぐにキングを餌の出現と結びつけることを覚えた。水槽のガラス越しにキングを見つけると、寄ってくるようになったのである。あるとき、キングはシオマネキという種のカニをオリーの水槽に入れてやった。カニが砂に潜ると、タコは見つけるのに苦労しているようだった。そこで、キングがガラス越しに人差し指で隠れ場所を示してやると、オリーは急いでやって来てカニを掘り出すことを覚えた。

『解明！ 神秘なるオクトパスの世界』の撮影班も、野生下で同じ現象を記録して驚いている。シュネルがカニを狩るタコを追う様子を撮影していたときのことだ。カニが1匹逃げていくのを見て、シュネルがそちらを指差すと、逃がすものかとばかりにタコがカニを捕らえたのだ。人間の指差しを理解して反応する動物は、研究者が示す限り、イヌとゾウだけだ。人間に育てられたオオカミさえ、指差しの意味を理解しているようには見えない。

キングはすぐに、学習させられているのはタコばかりではないことに気づいた。ある日、オリーのいる部屋から何かが落下する音が聞こえた。どうやら水槽の近くらしい。急いで部屋に入ってみると、床にマグネットが転がっている。それは藻を掃除する道具の一部で、その道具は通常、水槽のガラスにマグネットで留めてあった。水槽の内側に貼ったもう1つのマグネットをオリーが引きはがしたため、外側のマグネットが落下したわけだ。以来、タコはマグネットをはがして飼い主を呼び出すことを覚え、キングもその音に反応して、ペットのご機嫌をうかがうことを覚えた。オリーはキングの夫の“しつけ”にも成功する。オリーがマグネットをはがすたび、まるで英国の大邸宅で給仕をする召し使いのように、「私たちは水槽へ駆けつけました」とキングは懐かしむ。

キングとコリン・ダンロップは、『Cephalopod: Octopuses and Cuttle-

左ページ：セントビンセント・グレナディーン諸島のマスティク島沖には、
近縁のチチュウカイマダコ（*Octopus vulgaris*）と区別されるようになったばかりの新種、
ブラジル・リーフ・オクトパス（*Octopus insularis*）が生息している。

fish for the Home Aquarium』という共著の中で、飼育下のタコは好奇心旺盛で、何か面白いことをするのを楽しんでいるようだと述べている。「水質と給餌の次に大事なのは、頭足類の生活に刺激と潤いを与えること」と強調する。タコはパズルボックスをいじったり、餌を得るため瓶を開けたりすることを楽しむ。キングとダンロップは、家庭で飼育するタコには人間の子ども用玩具を与えるよう勧める。タコはレゴブロックを分解したり、時には組み立てたりするのが好きだし、顔のパーツを自由に付け替えられるMr.ポテトヘッドをばらばらにするのも好きだ。

つまり、彼らは遊ぶのである。

遊びも知能に関連する活動の1つに数えられる。実験用ラットの場合、遊ぶ機会があると脳が大きくなり、特に、複雑な行動の計画をつかさどる前頭前皮質が発達する。アーカンソー大学の研究によると、おもちゃでよく遊ぶ子どもは、3歳までにIQが高くなるという。また、子どもに関する46の研究を分析したところ、遊ぶことで思考力、推理力、記憶力、そして社会性の発達具合や言語能力が向上することが分かった。

タコの行動があまりにも人間の子のそれとよく似ているため、両者は同じ遊びをしているように見えるときがある。シアトル水族館では、故ローランド・アンダーソンが、ある実験を行った。レスブリッジ大学の心理学者で、タコの問題解決と性格に関する研究の第一人者であるジェニファー・メイザーと共同で考案した実験だ。アンダーソンは8匹のミズダコに空の薬の容器を1つずつ与え、個体ごとの色や質感の好みを探った。あるタコは容器を吸盤で注意深く調べ、あるタコは容器を投げ捨てた。少数だが、怪しい物体をできるだけ遠ざけながら検分しようとするように、容器をつかんだ腕を精一杯伸ばすタコもいた。しかし、2匹のタコは、根本的に違う行動を示した。容器にジェット噴射を浴びせたのだ。しかも「水の勢いを注意深く加減し、容器が水槽の中をころころ転がるように」したという。1匹の雌ダコがこの行動を16回繰り返す頃、アンダーソンはメイザーに電話をかけ、このニュースを伝えていた。「彼女、ボール遊びをしているぞ！」

ライオンの子が無闇に飛びかかるのは成長後に狩りをするための準備であるように、遊びがのちのち有益だったと分かることもあるが、遊びとは本来、そのとき純粋に楽しむための行動である。動物は遊んでいるとき、食べ物や仲間を探しているわけではない。つまり、生存に必要不可欠な活動というわけではない。しかし、人間やチンパンジーなど知的な生き物にとって、遊びは健康と幸福に欠かせない要素だ。賢い動物は何もすることがないと退屈し、落ち込んでしまう。そこでクリーブランド・メトロパーク動物園は飼育下のタコの暮らしを豊かにするエンリッチメント・マニュアルを作成した。今では数十の動物園、水族館で使われる同マニュアルでは、生きた獲物や興味深い隠れ場所を提供するほか、おしゃぶりリング、積み木、ハムスターボール、プラスチック製のイヌ用玩具などをタコに与えるよう飼育員に勧めている。

さらに手の込んだ娯楽を開発した水族館も多い。複数の特許を持つエンジニアのウィルソン・メナシは、ミズダコが熱中できる難解なおもちゃの開発を、ボストンのニューイングランド水族館のスタッフに依頼された。そこで彼は、プレキシガラスで大きさの異なる3つの箱を作り、それぞれに違うタイプの錠を付けた。最も小さい箱には、馬小屋のかんぬきのようなスライドしてひねるタイプの錠。次の大きさの箱には、ブラケットに引っ掛けるラッチ錠。一番大きい箱には2種類の錠――ボルト錠と、古いカニングジャーにあるような留め金を付けた。タコは3つの箱すべてを開け、中に入っている生きたカニを手に入れることを覚えた。もっとタコを楽しませたい場合は、3つの箱をマトリョーシカのように入れ子にすることもできる。

ニュージーランドのオークランドにあるSEA LIFEケリー・タールトンズ水族館の飼育員は、ランボーと名づけた雌のミズダコに、来館者の写真を撮る芸を仕込んだ。腕をチューブに通してオレンジ色のボタンを押すと、防水式デジタルカメラのシャッターが切られる仕組みだ。そしてランボーは世界初のオクトグラファー（タコ写真家）となった。タコが芸術的才能を発揮するよう奨励している施設もある。オレゴン州立大学のハットフィールド海洋科学センターは、ミズダコが水槽の外のキャンバスに何本もの絵筆を振るうことができるレバー式システムを考案した。世界初のタコ画家、スクワートがセンセーションを巻き起こすと、テネシー州とフロリダ州の海の底を滑るように高速移動するミズダコ。
外套膜に満たした水を漏斗から噴出することで
推進力を得ている。

水族館もあとに続き、タコの芸術家を育成した。
　もっとも、タコのクリエイターがいつも人間のパトロンに協力的とは限らない。ランボーはわずか3回の挑戦で写真の撮り方を習得したが、カメラとハウジングを破壊する方法もすぐに覚えた（水族館のスタッフは再設計により対抗した）。ニューイングランド水族館のミズダコは全員パズルボックスの開け方をすぐに理解したが、ある日、グィネビアという名のせっかちな雌が、手っ取り早くカニにありつく方法を見つけた。箱を潰して亀裂を作り、そこからカニを取り出したのである。その後、トルーマンというタコも、いちいち錠を開ける手間を省くことにした。普段はのんびりしているトルーマンが興奮したのは、入れ子にした箱の内側の箱に、飼育係が1匹でなく2匹の生きたカニを入れたからだ。2匹のカニは否応なく争っていた。トルーマンはたんに先代が外側の箱に作った亀裂から中へ潜り込んだだけだ。あいにく外側の箱と内側の箱の間で身動きが取れなくなってしまったが、その様子を見かねた飼育係が、カニにありつけるよう両方の箱を開けてやった。
　水族館の飼育員や自宅の水槽でタコを飼う人の報告によると、多くのタコはパズルや玩具を楽しむのと同じように、人間とのつきあいを大事にしているようだ。オリーとキング夫妻の関係もそうだった。メイザーとアンダーソンがシアトル水族館で行った一連の実験は、タコの飼育員がすでに知っていたことを証明したに過ぎない。ミズダコは人間の顔を認識し、記憶するのである。研究者は、人間のボランティアにまったく同じ服を着せて2つのグループに分けた。1つのグループは水槽に身を乗り出し、タコにおいしい魚を差し出す。もう1つのグループは、先端にブラシの付いた棒でタコの皮膚を触った。タコたちはすぐに、魚を差し出した人が来ると自ら寄っていくようになった。その人が魚を手にしていなくても同じ反応だった。逆にブラシ付きの棒で触った人が近づくと、水面からその顔を見上げ、泳いで逃げてしまう。しばしば、冷たい塩水をその人の顔に噴きかけてから。
　人間との交流を楽しんでいるように見えるタコの話は、枚挙にいとまがない。オスカーを獲得したドキュメンタリー映画『オクトパスの神秘：海の賢者は語る』（Netflix）では、フリーダイバーであり映画製作者でもあるクレイグ・フォスターが、南アフリカ共和国のケルプの森で、ある野生のマダコと何度も繰り返し遭遇する。その個体は簡単に逃げ出すこともできるにもかかわらず、1年以上の間ほぼ毎日、フォスターがついてくることを許し、吸盤で彼の肌をまさぐりながら、人間の手になでられることを受け入れた。アンカレッジにあるデビッド・シールの家のリビングでは、娘のローレルとタコのハイジがボールや瓶でよく一緒に遊んでいた。そのうち、水槽の重さで床が抜けそうになったため、シールはやむなくハイジを大学の研究室に移したが、ローレルが訪ねていくと、ハイジは興奮に体を赤く染めながら、いそいそと水槽の前面に近づいてきて出迎えたという。

孤独を好むことで知られ、母性的なケアを経験せず、集団生活を敬遠する動物が、なぜこのような関係をあえて築くのだろうか？　自然の成長過程で社会生活を営むことのない動物がどうして、友情と見まがうような絆を結ぶことができるのか？

「何十年もの間、真実だと思われてきた頭足類生物学のさまざまな仮説を、新しいエビデンスが打ち砕きつつあります」とハファードは言う。彼女が発見したことの一部は、あまりに予期せぬものだったため、型破りな研究者の発見が常にそうであるように、当初は否定または無視されていた。しかし、今は違う。衝撃的に賢いタコの少なくとも数種は、実はそれほど孤独ではないかもしれず、彼らの相互関係やほかの種との関係は、私たちが想像していたよりはるかに豊かで、複雑で、興味深いものであるように見える。

PART 3.

地中海に生息するこのチチュウカイマダコには、
ペインテッド・コンバー（*Serranus scriba*）と
呼ばれる魚の従者がいるようだ。

第3部

タコの王国

思いがけない結びつき

Octopus Kingdom

Unexpected Associations

量3000ガロン（1万1356リットル）の水槽の縁にハート型の照明器具が連なり、水面には赤いプラスチックでできた薔薇の花束が浮かんでいる。音響設備からはバリー・ホワイトの深みのあるセクシーな低音が響き渡る。“Can't get enough of your love, babe（もっと君に愛されたいんだ）”。それは2月14日のこと。シアトル水族館でタコのブラインドデートが披露されていた。

「クレイジーだけど、実にすごい」。毎年恒例のこのイベントを撮影していたNBC系列局のカメラマンは言う。水族館には学童の団体を含む数千人の来館者が詰めかけていた。ミズダコの雌雄が同じ水槽に放たれ、合わせて16本の腕と3200個の吸盤、そしておびただしい量の天然潤滑油が絡み合い、何が起きるかを見物しようというのだ。

「バレンタインデーに交尾？」来館者の1人が疑問を口にする。「タコにどうして今日がバレンタインデーだと分かるんです？」

「交尾しているの？　もう1匹はどこ？」と不思議がる人もいる。彼女には、水槽の中にいるのが1匹ではなく2匹だと分からないのだ。2匹はこの種に特有の交接の姿勢で、至福の結合を果たしている。雄は腕と傘膜（さんまく）と袋状の外套膜（がいとうまく）で雌を覆い、「交接腕」と呼ばれる特殊な右第3腕を使って精子の詰まった包みを雌の外套腔（外套膜の内側）に挿入する。アリストテレスはこの仕組みを、「触手の1本がペニスのようになっており（中略）それを雌の鼻孔に挿入する」と説明している。当たらずとも遠からず、といったところだろう。

「わざわざ動物の交尾を見に来るなんて、おかしな話です」。シアトル水族館の主任無脊椎動物生物学者、キャスリン・ケーゲルは言う。タコは、ほとんどの種が短い生涯の終わりにしか交接（交尾）をしないと考えられている。ミズダコも例外ではなく、雌は一度に10万個の卵を産むと、それを平均6カ月間守って清潔に保ったあと、孵化するのを見届けてから死んでしまう。

しかしタコにとって交接は、緊張をはらんだイベントだ。ブラインドデートがディナーデートに発展し、片方がもう片方に食べられてしまうこともあるのだから。

左ページ：ミズダコをライトで照らすダイバー。

実際、ある年のシアトル水族館で雌が雄を殺して食べ始めた。来館者の眼前でなかったのがせめてもの救いだろう。この不幸な事故が起きたのは、2匹のタコが交接のあとに1つの水槽に入れられ、海に戻されるのを待っているときだった。このような惨事が再び起きないとも限らないため、同水族館は結局、十数年続いた毎年恒例の超人気イベントであるタコのブラインドデートを、2016年に中止している。

もっとも、タコの共食いが起きるのは飼育下と限らない。広々した海だからといって、求愛相手から身を守れる保証はないのだ。ロジャー・ハンロンは、ミクロネシアのパラオ島沖でのダイビング中、雌のワモンダコが自分の半分しかない雄に追いかけられるのを目撃している。雄は3時間以上、距離にして約70メートルにわたって、餌を探す雌をつけ回した。雌が自分に向かってくるたびに雄は後ずさりしていたという。小さな雄は明らかに危険を承知のうえで、ひるむことなく雌と13回交接した。1回の交接時間は平均6分で、長くても30分を超えることはなく、雄は常に用心深く相手との距離を保っていた。

こうした“適度な距離感を保った交接”は、雄のワモンダコなりのセーフセックスだ。できるだけ反対方向へ身を縮めながら、右第3腕だけを雌に向かって伸ばし、大きな精子の包みを雌の外套膜の中へ射出する。この戦略なら、万一ロマンスが破局を迎えたとしても、脱出できる見込みが大きくなる。そして、もし雌に交接腕を食いちぎられても、少なくとも新たな交接腕を生やすことはできる。

しかし、ハンロンの見たワモンダコの雄はそこまで幸運ではなかった。ハンロンの報告によれば、13回目の交接のとき、雌が突然襲いかかり、傘膜で相手を覆うと、「もがき、墨を吐いて抵抗する」雄を腕の中に抱え込んで泳ぎ去ったという。雌は巣穴に戻り、それから2日かけて恋人を食い尽くしたらしい。

タコが同種の仲間を餌食にするのは、性的な局面に限らない。研究者のデビッド・シールは、アラスカ海域で体重5キロのミズダコにラジオトラッキング（無線追跡装置）を取り付けた。翌日、その信号を追ってみると、体重16キロのまったく別のタコにたどり着いた。体のどこにもテレメトリータグ（遠隔測定標識）は付いていない。それなのに、なぜ信号を発していたのか。それは、そのタコがくだんのミズダコを食べていたからだ。追跡装置だけは変わらず作動し続けていた。

共食いは多くの生物種で見られ、人間も例外ではない（12世紀の中国の料理本に人肉を使うレシピが載っている）。しかし、学問の世界では一般的に眉をひそめられる行いであるせいか、同じ種の仲間を食べることは反社会的行為の最たるものと考えられている。そして、タコがお互いを食べようとする傾向と、タコがほかの個体と一緒にいるところを見たという研究者の報告が少ないという事実が相まって、タコは単独行動を好む動物だという考えが正当化されたと思われる。

何十年もの間、それは科学界の定説として受け入れられてきた。いわく、タコがほかのタコと一緒にいるのは交接か共食いのときだけである、と。ほとんどの鳥類や哺乳類、そして多くの魚類と異なり、タコが群れで生活しているという記録はなく、複雑な交尾戦略が観察されたという報告もない。社会的スキルの記述もなければ、ほかの動物との交流や連携の記録もない。

しかし、新しい種の認定が進み、新たな生息場所が次々に見つかっている昨今、ダイバーや研究者たちは、それが呆れるほど間違った思い込みだったことを証明しつつある。

タコは単独性の動物で、交接は雌雄が鉢合わせしたときのみ起こる。交接がうまくいけば2匹はそれぞれ別の道を行くが、うまくいかなければ、一方が他方に食べられてしまう――カリフォルニア大学バークレー校の博士課程に在籍していたクリスティン・ハファードは、以前からそうした話を耳にしていた。

しかし、インドネシアのスラウェシ島で野生のウデナガカクレダコを対象にした野外研究の全期間を通じて、彼女が見てきたものはまるで別の光景だった。

浜辺に近いところでシュノーケリングやウェイディング（浅瀬の渉猟）を行いながら、ハファードは167匹のウデナガカクレダコを識別し、追跡することができた。タコたちはメロドラマの題材になりそうな社会的行動を見せてくれた。

ウデナガカクレダコの雄はただ偶然の出会いに頼るのではなく、特定の雌を積極的に探し求め、しばしば食事を抜いてまで相手を追いかけ回すように見えた。雌と交接し、雌を守っている間、雄は最も目立つ白黒の縞模様を呈し、目の上の乳頭状突起を起立させる。また、交接の相手を選ぶにあたっては、少なくとも一部のタコにはお気に入りがいた。

大きな雄ダコが特定の雌ダコと何度も交接を繰り返し、しかも数日にわたって一緒にいるということが、ハファードが気づいただけでも何度かあった。時には、つがいの雄と雌が60センチと離れていない場所に互いの巣を作ることさえあった。雄が自分の巣穴から隣の巣穴まで交接腕を伸ばし（雄の交接腕は、いざというとき平時の2倍の長さまで伸びる）、ねぐらから出ることなく交接できるほど2つの巣の距離が近いことも珍しくなかった。交接をしていないときでも、雄が巣穴の入り口に立ちはだかり、連れ合いを守ることもあったという。

そして、もし別の、自分より体の小さな雄が雌に近づこうとすると、番をしている雄は露骨に不快感を示した。白黒の縞模様のコントラストを強めながら、邪魔者に猛然と向かっていくのだ。その意味するところは明白だった。「あっちへ行け」という合図だ。

それでも小さな雄が接近を続けようものなら、守る側の雄は侵入者を攻撃し、取っ組み合いを演じたという。「大きな雄が小さな雄を追い払うのが常でした」とハファードは報告している。前者がライバルの漏斗（ろうと）の端を押さえたり、鰓（えら）を覆っている外套腔に腕を巻きつけたりして、窒息死させようとしたことも何度かあったという。

もっとも、つがいになった場合でも、ほかの個体と交わることに抵抗はなかったようだ。ハファードの観察によると、時には雄も雌も単独で巣穴から離れ、別の個体と交接することがあった。しかし、その後は隣り合った巣穴に戻り、元の鞘に収まるのである。

そうかと思うと、張り番をしている雄の目を盗んで、雌がほかの求愛者を受け入れることもあった。そうした“間男”たちが雌を寝取ろうとする様子を、ハファードは3度記録している。小柄な雄は周囲に紛れるカムフラージュ能力を遺憾なく発揮して、海底に這いつくばり、雌の巣穴の入り口にこっそり忍び寄る。そうして見張っている雄からは見えないよう岩陰に身を隠し、伸ばした交接腕を雌の巣穴に潜り込ませるのだ。

2005年の博士論文でこの行動を報告したハファードは、それを「これまで観察されたタコの配偶行動の中で、最も複雑なもの」だったと表現している。

もっとも、今日では、別種のタコによるさらに予想外の社会的行動が、

上：墨の煙幕を張るウデナガカクレダコ（*Abdopus aculeatus*）。墨袋は3億年以上前のタコの化石からも見つかっている。

実は四半世紀前にほかの科学者の手で記録されていたことを、ハファードも認めている。しかし当時、そのことを知る者はほとんどいなかった。

1970年代、パナマの生物学者アルカディオ・ロダニッチーは、それまで科学的には未知の種で名前もつけられていなかった美しいタコが、信じられないような振る舞いに及ぶところを目撃した。外套膜の長さがわずか5〜8センチしかないその小さなタコは、暗い赤褐色から、白い星々が瞬く夜空に白黒の縞が走ったような模様へと変化する。それがあまりにも派手な柄だったので、ロダニッチーはこのタコに「ハーレクイン・オクトパス(道化師ダコ)」というあだ名をつけた。

ニカラグア沖の水の濁った潮間帯で、彼はこの華麗な小動物を数十匹捕獲し、パナマにあるスミソニアン熱帯研究所の海水プールで飼育した。そこでの彼らの振る舞いは、タコの社会的行動について当時知られていたこと、その後何十年も正されずに盲信されてきたことのすべてを覆すものだった。

まず交接のとき、このタコは雄と雌が距離を取ったり、一方がもう一方の上に乗ったりといったことはせず、互いの口と口、吸盤と吸盤を触れ合わせるという、想像できる限り最も優美で無防備な姿勢を取った。つがいで1つの巣穴を共有することもあった。時には40匹以上の群れで固まって生活していた。また、ほかの種の場合、雌は1回だけ産卵し、産まれた卵から子どもが孵化すると死んでしまうのだが、道化師ダコの雌は2年間の生涯に何度も産卵した。

カリフォルニア大学バークレー校の海洋生物学者ロイ・コールドウェルによれば、ロダニッチーの観察は「タコの行動に関する当時の生物学者たちの常識をあまりにも逸脱するものだったので、ほかの頭足類生物学者たちから相手にされなかった」という。ハファードはロダニッチーの論文を却下した手書きの査読を見たことがある。「査読者たちは意地悪でした。観察が妥当でないと感じていたのでしょう。ロダニッチーにはそういう観察を行う資格がない、とまで言う査読者もいました。それに、当時タコは学術雑誌編集者から面白い題材と思われていなかったのです。わざわざ論文を載せる価値があるのか?と」

結局ロダニッチーの論文はボツとなり、新種のタコは無視された。そして、この種はそれきり姿を消してしまう。以後、約25年間、新たな標本が目撃されなかったのだ。

時はくだって2012年。サンフランシスコにあるスタインハート水族館の上席生物学者リチャード・ロスが、コレクターから道化師ダコの生体標本を複数入手する。彼はコールドウェルとともにロダニッチーの衝撃的な観察の数々を生きた標本で確認し、衝撃的な写真とビデオに記録した。飼育下では、つがいが食事を共にすることもあった。道化師ダコのつがいは1匹のエビを左右から優雅に挟み込むと、ディズニー映画『わんわん物語』のスパゲッティーのシーンよろしく、くちばしとくちばしを触れ合わせんばかりにして食べたのである。

こうして復権を果たしたロダニッチーは、コールドウェル、ロス、ハファードと共同で道化師ダコの行動に関する論文を発表し、2016年に世を去った。現在、道化師ダコはラージャー・パシフィック・ストライプト・オクトパスという英名で呼ばれているが、二命名法による科学的分類はこれからだ。ロスはこのまばゆいばかりの小さな生き物を「地球上で最もクールな存在」と評する。

それにしても、この群生種の社交性はタコの中では特殊なものなのだろうか？　どうやらそうではないようだ。近縁の別種で、レッサー・パシフィック・ストライプト・オクトパス（*Octopus chierchiae*）と呼ばれるタコも同じ行動を示すらしいことが分かっている。

2005年に初めてその存在が報告された、さらに謎めいた日本のソデフリダコ（*Octopus laqueus*）も同様だ。まだ標準英名がなく、詳細な科学的説明も英語では発表されていないが、この種もまた野生では狭い範囲で仲間と群生し、雌と雄が巣穴を共有しているところが観察されている。

「まだまだ学ぶべきことはたくさんあります」とハファードは言う。確かにそうだ。かなり研究が進んでいると思われる種類のタコにさえ、私たちは驚かされ続けているのだから。

2匹のミズダコがつがいになっている。
写真では分かりづらいが、
灰色の雌のほうが赤い雄よりも大きい。

おとぎ話のように聞こえるかもしれない。そこは波の下18メートルに横たわる砂に覆われた海底。晴れた日にはオズの魔法使いが住むエメラルドシティーのように鮮やかな緑色に輝くその海の中に、にぎやかな大都市がある。居住者はそこで食料を調達し、家の手入れをし、ロマンスを追い求め、盗難や陰謀に対処するのに忙しい。ご近所の噂話だってある。その街の住民は……全員タコである。

オーストラリアの熟練ダイバー、マシュー・ローレンスは、2009年、大陸東岸のジャービス湾でこの場所を発見した。長さ30センチの沈んだ金属片の周囲にホタテガイの殻が堆積し、そこに最大16匹ものタコがすみついていた。

居住者はすべてコモン・シドニー・オクトパス——単独行動をすると考えられていた種である。熱心なダイバーで、ニューヨークとシドニーの大学で教鞭を執る哲学教授でもあるピーター・ゴドフリー＝スミスは、インターネットでこの場所を知り、「いったい何が起きているのだろう？」と興味を抱いた。彼は現地へ赴き、ローレンスと一緒に潜り、“タコの街”に暮らす市民の観察を始めた。2人はそこを「オクトポリス（タコの都市）」と名づけた。

時として“街”が非常にせわしなく見えることもあり、ゴドフリー＝スミスにはその光景が「腕だらけのカオス」に見えたという。貝殻のベッドの上を複数のタコがうろついている。ジェット噴射で飛び去ったかと思うと、腕で殴り合ったり、背伸びをして黒くなったり、反対に縮こまって白くなったりする。また、餌を持ち帰ったり、ゴミを出したり（食べ残しやゴミを腕で巣穴から取り除くこともあれば、漏斗を落ち葉掃除機のように使い巣穴の入り口を掃除することもある）している。私たちがポーチに腰かけ、行き交う隣人たちの姿を眺めるように、タコたちは巣穴の入り口に陣取り、体の色を変化させていた。

タコたちは追いかけっこや取っ組み合いもする。時にはハイタッチで挨拶を交わしているように見えることもあった。また、いら立った様子で、腕いっぱいに抱えた貝殻を近隣住民に投げつけることもあった。あまりに予想外の発見だったため、研究チームがまとめた論文は最初に掲載を打診した3つの学術雑誌から却下されたが、最終的には2022年に『PLOS ONE』というオープンアクセスジャーナルに掲載された。

やがてアラスカの動物行動学者デビッド・シールを招き入れたチームは、タコたちのやりとりを撮影した。ただ潜水してカメラを構えるだけでなく、三脚に載せたGoProのビデオカメラを海底に残し、人が去ったあとのタコたちの行動も記録した。

よく映っていたのは、ある個体がGoProをつかんで巣穴に引きずり込もうとする様子だ（これは、成功することもあった）。別の個体がやって来て、GoProを横取りしようとするところまで録画されていたこともある。しかし、カメラをしっかり固定してタコの行動を記録するようになると、興味深いパターンが浮かび上がってきた。

傷跡やかみ跡などを識別することで、研究者は観察中の個体の約3分の1を見分けられるようになった。当のタコたちもまた、互いを識別していたようだ。顕著な例を1つ挙げよう。ある雄の巣穴の隣に自分の巣穴を構えていた雌が、別の雄が侵入してくるのに気づいた。すると雌は巣穴から出て、侵入者と立ち回りを演じてから巣穴に戻った。ところが、侵入者は隣の巣穴に潜り込み、先住の雄を追い出してしまう。すると雌は再び侵入者に襲いかかった。取っ組み合ったまま巣穴から出てくる2匹。研究者たちは、雌の腕の1本が雄の外套膜の下に巻きつき、鰓（えら）の開口部を見つけようとしているのを確認した。やがて雄は退散し、雌は自分の巣穴に戻った。間もなく隣の雄も帰ってくる。雌が1本の腕で雄の頭を触り、2匹は少し揉み合ったあと、元通り隣り合うそれぞれの巣穴に収まった。

シールは2023年の著書『Many Things Under a Rock: The Mysteries of Octopuses』の中で、その光景を詳述している。雌が2匹の雄を見分けていたのは明らかだが、その手がかりが視覚的要素なのか、化学的要素なのか、場所なのか、あるいは別の方法によるものなのかは分からなかった。この生物間相互作用は、雌がそれぞれの雄との過去の相互作用を覚えていて、その記憶に頼っていた可能性を示している。「一方を厄介者、他方を気心の知れた隣の住民として記憶していたのではないか」と、シールは示唆する。

オクトポリスでは社会的な関係や相互作用が非常に多く成立し、おそらくは非常に重大であるため、ある特定のタコ（決まって大型の雄）がそれらすべてを見守る役割を担っているようにも見える。シールはこうした雄の行動について、ビデオに記録された多くの似たようなシークエンスの中から1つの例を挙げて説明している。

ある雌が貝殻のベッドの中央付近で自分の巣穴から出て、その場を離れた。すると問題の雄はくるりと向きを変え、ベッドの端までこの雌を追いかけた。雄はそれ以上あとを追うのをためらった。ところが数分後、別のタコが1匹、餌探しの戦果を携えてベッドの外から近づいてきた。大きな雄は警戒し、目を飛び出させ、体色を暗くした。そして、8本の腕で立ち上がると、後ろに垂れ下がっていた外套膜を起こした。2匹のタコが触れ合ったとき、雄の体色が明るくなった。雄はこの雌を巣穴までエスコートし、次にベッドに到着した別のタコに対しても、同じような行動を示した。

つまり、この特別なタコは行動するタコすべてに気を配っているのだ。その役割を担う個体を、シールは「クィドヌンク（金棒引き）」と呼ぶ。これは噂好きな人や詮索好きな人を表す言葉で、英国のリチャード・スティール卿が1709年に有名な定期刊行物『タトラー』の紙面で初めて使った造語である。コモン・シドニー・オクトパスのクィドヌンクは、オクトポリスで「最も活動的な個体であり、観察していると、まるで地元のゴシップ集めに精を出しているように見える。あるタコが巣穴で身じろぎすれば、今度は何だ？と問いかけ、別のタコが生息地の外から戻ってくれば、あれは誰だ？と問わずにいられないのだ」とシールは書いている。研究チームがオクトポリスを訪れるようになって長いが、その間、クィドヌンクが不在だったことはない。タコの寿命は短いため、いつも同じ個体とは限らないが、この役割自体は今も続いている。

ではいったい、なぜそのような役割が生じるのか。同種のタコが生息するほかの場所ではそうでもないのに、なぜオクトポリスでは個体を記憶し

右ページ：自分が産んだ卵の房の陰から顔を覗かせるブラジル・リーフ・オクトパス（*Octopus insularis*）。

識別する能力が重要なのだろうか。

オクトポリスはコモン・シドニー・オクトパスにとって並外れて魅力的な場所なのだと、ゴドフリー＝スミスは指摘する。最初にそこを見つけたタコにとって、貝殻のベッドの下に横たわる未知の金属製物体（おそらく大昔に貨物船から落下したもの）は貴重な資源だった。その下に巣穴を掘れば、金属が頑丈な覆いの役割を果たしてくれる。砂に穴を掘っただけの代物よりも、よほど安全に違いない。ほかのさまよえるタコたちも、この利点に目ざとく気づいたのだろう。やがてその周囲に堆積し始めたホタテガイの殻（最初にすみついたタコの食事の残骸）が、この場所の価値をさらに高めた。貝

上：オーストリア沿岸の「オクトポリス」で、
堆積物に囲まれて交接をする2匹のタコ。

殻は砂だけの状態よりも巣穴を安定させてくれる。それがさらに多くのタコを引き寄せ、さらに貝殻が増え、それがまた多くのタコを呼び寄せるということが繰り返されたのだろう。

世界の大都市の多くがそうであるように、オクトポリスは絶好のロケーションに築かれた。ホタテガイの群生地が近くにあり、餌に困ることはない。巣穴の天井は金属製で、アザラシやイルカ、サメなどから身を守るのに好都合だ。豊富な貝殻は安定した建材を提供してくれる。ゴドフリー＝スミスの言葉を借りれば、オクトポリスは「危険な地域における例外的に安全な小島」として誕生した。とはいえ、都市生活では多くの近隣住民とうまくやっていく必要がある。この希少な優良物件を活用するため、知的で洞察力に富んだタコたちは、この新しい課題を解決しなければならなかった。

自然界で希少な資源が希有な共存関係を形成させた例は、これが初めてではない。作家のエリザベス・マーシャル・トーマスが1950年代にナミビアのサン人に囲まれて暮らしたとき、すぐに気づいたのは、人々がライオンを恐れず、ライオンに襲われることもないという事実だった。人間がライオンの邪魔をすることもない。ライオンと人間が日常的に殺し合っていたアフリカのほかの地域とは異なり、そこでは「人々とライオンが休戦協定を結んで」いた。彼女にはその理由が分かる気がした。乏しい砂漠の水を共有する必要があったからだ。人間は昼間に水飲み場を訪れ、ライオンは夜になるとやって来る。そうした暗黙の了解により、他所では敵同士の種が共存し、貴重な資源を安全に分かち合っていた。

ジャービス湾のオクトポリスのようなタコの共同体は珍しいかもしれないが、タコの“街”はほかにもある。2017年、オクトポリスからそう遠くない場所で、研究チームがコモン・シドニー・オクトパスの別の集団を発見し、「オクトランティス」と名づけた。

◎

現在、世界におよそ300種存在するとされるタコは、400種以上いる霊長類に負けないくらい多様である可能性が高い。例えば、樹上で生活する体重370グラムのマーモセットと人間が異なるのと同じくらい、ラージャー・パシフィック・ストライプト・オクトパスとミズダコは異なる。すべてのタコ種が同じ行動を取るとは限らない。ウデナガカクレダコの雄が慎重に交接相手を選んだという記録はあるが、ヒョウモンダコは明らかに違う。実際、ヒョウモンダコの雄は、食後のミントでも配るように精子の包みを雌にも雄にも渡すところを観察されている。

近縁種同士でも著しく異なる習性を示すことがある。ゴリラとオランウータンのDNAは98%以上一致しているが、ゴリラが5～10頭、時には50頭にもなる緊密な家族集団で生活するのに対し、オランウータンは雄が雌に求愛するときと、母親がひとりっ子を連れて移動する場合を除き、たいてい単独で行動する。

環境が異なれば、同じ種であっても異なる習性、異なる社会集団を形成する可能性がある。ハファードはオーストラリアでウデナガカクレダコが社会的行動や誇示行動をするのを見たことがない。おそらく、あまりにも多くの捕食者に取り囲まれているためだろうと彼女は推測する。また、コモン・シドニー・オクトパスにしても、オクトポリスやオクトランティス以外では、ほかの個体と交わることはないようだ。だが人間たちも、都会と田舎では違う振る舞いをする。マンハッタンのビル街でトラクターを走らせている人を見かけないように、田舎でタクシーを呼んだり地下鉄に乗ったりしている人を目撃する可能性は低い。

1つか2つ、あるいはそれ以上の数の種が、とある場所で何かをするからといって、すべてのタコがどこでも同じことをするとは限らない。それで科学者はおなじみの袋小路に迷い込む。世界は私たちが思っていた以上に複雑なのだ。だからこそ、より細心の注意を払わなければならない。「もっと研究が必要です」とシュネルは言う。「まだまだ実験も野外研究も足りないし、観察する人の数も足りていない」。プロの海洋科学者や動物行動学者に限らず、観察眼と偏見のない柔軟な心の持ち主であれば、誰でも重要な貢献ができるかもしれない。小学生の子どもだって例外ではない。

リーハン・ソマウィーラも、そんな子どもの1人だ。

生態学者を父に持つリーハンは、オーストラリアのパースにある自宅から近い温帯の浅瀬の岩礁でシュノーケリングをするのが好きな少年だった。熱帯のサンゴ礁と違い、ここの水底は主に藻で覆われた大きな丸石、岩、カイメンで構成されている。それでも、この小さな岩礁には100種を超える魚が集まってくる。縞模様が美しいレッドモキ、あごひげのあるヒメジ、エンゼルフィッシュに似た形のシルバースウィープ、小さな斑点があるブラウンスポッテド・ラス（ベラの1種）……。しかし、このサンゴ礁に生息するすべての生き物の中で、リーハンの一番のお気に入りはスター・オクトパスだった。この種はごく最近、コモン・シドニー・オクトパスと区別されたばかりで、学名の*Octopus djinda*は、「光り輝く」を意味する地元ヌーンガー族の言葉に由来する。

「好奇心が強いんだ。ほかの海の生き物とは全然違う」とリーハンは言う。「向こうから近づいてきて、手をつかんでくることもある。だから、シュノーケリング中にタコを見かけたら、いつも観察してる」

採餌に出かけるタコについていくこともあった。タコがそれを許してくれることに気づいていたのだ。ある日、タコが岩の割れ目に腕を突っ込んで巻き貝を捕ろうとしていたとき、奇妙なことに気づいた。タコに同伴していたのは、自分だけではなかったらしい。タコとは15分ほど前から一緒にいるが、その間ずっと、ブラウンスポッテド・ラスが1匹ついてきていた。理由は明らかだった。「タコが動き回ると、水底にいる小さな生き物たちは怖がるでしょ？」小さな無脊椎動物の群れが逃げ出してきたところを、ラスがまとめて飲み込むわけだ。

「ちょっとクールだと思った」ものの、そのことを父親には話さなかった。けれども、それから数週間、シュノーケリングをするたびに、そんなことが続いたという。回数にして7、8度、場所はさまざまだった。「同じようなことが何度もあったけど、特別大きな発見だとは思わなかった」と言う。しかし、ついに彼は自分の観察を父親に打ち明ける。

身を守るための貝殻を携えて
海底をパトロールするメジロダコ
（*Amphioctopus marginatus*）。

ルー・ソマウィーラは国際的に知られた爬虫類の専門家で、とりわけウミヘビに関心を寄せている。それ以外の海洋生物の観察や写真撮影は「ただの趣味」だという。しかし、息子の観察には興味を覚えた。そこで、自分の目で確かめたうえで、これは詳しく調査する価値があると判断した。

調べてみると、魚とタコがすぐそばで狩りをする事例はほかにも報告されていることが分かった。ジェニファー・メイザーやロジャー・ハンロンその他の人々が、時には一度に複数種の魚がワモンダコやチチュウカイマダコの後ろについて回り、頭足類の相棒が蹴散らしてくれた獲物を捕食する様子を記録している。

2013年、スイスと英国の研究チームが、さらに複雑で驚嘆すべき習性に関する観察結果を発表した。泳ぎの速いスジアラが、近くにいるワモンダコを探し出し、協力を仰ぐというのである。これは、脊椎動物と無脊椎動物が協力して狩りをするところが記録された初めての例だ。実際の映像を『解明！ 神秘なるオクトパスの世界』で見ることができる。魚は逆立ちするような姿勢で隠れた獲物を指し示し、頭を振ってタコに合図を送る。タコはその意図を読み取り（頭が一瞬白く明滅することからそれが分かる）、魚が示す場所へと移動する。

陸上に目を転ずれば、アフリカのラーテル（ミツアナグマとも）とハニーガイド（ミツオシエ科）と呼ばれる小鳥も同じことをする。小鳥はラーテルをハチの巣へ導き、ラーテルは強力な爪でハチの巣をこじ開ける。そして鳥は蜂蜜、ラーテルは巣の中のタンパク質豊富な幼虫にありつけるわけだ。オオカミとカラス、アメリカアナグマとコヨーテなど、協力して狩りをする陸生種はほかにもいる。

スイスの研究者レドゥアン・ブシャリーは同僚と共同でタコとスジアラの同盟関係を報告したが、その7年前、「ハタ」と総称される泳ぎの速い魚が同じようにウツボの協力を仰ぎ、隠れている獲物を狩る手助けをさせる様子を記録していた。ハタは、ワモンダコと一緒にいるときのスジアラ同様、独特の泳ぎ方でウツボに近づき、目当ての獲物が隠れている場所まで誘導すると、逆立ちをしてそこを指し示した。

タコにとってこのようなパートナーシップは非常に重要らしく、うまく

いかないと露骨に不満を表す。2020年に公開されたビデオ映像には、マルクチヒメジと一緒に狩りをしていたワモンダコが突然パートナーを殴り飛ばす様子が映っており、センセーションを巻き起こした。マルクチヒメジの働きが悪いため、いら立っていたのかもしれないし、タコがはなからパートナーを出し抜くつもりだったとも考えられる。マルクチヒメジがさぼったから殴られたのか、それとも強欲なタコが分け前を奪うため相棒を追い払おうとしたのか、研究者にも分からない。しかし、その後もタコがパートナーである魚を殴った事例が記録されており、その数はイスラエルとエジプトの両海域で7件にのぼる。

いっぽうオーストラリアでは、ルーとリーハンの親子が、リーハンの観

上：2021年に別種として再分類されたばかりのスター・オクトパス（*Octopus djinda*）。

察結果をさらに詳しく調べる決意をしていた。父は息子に水中スレート（ダイビング中の筆談に使うツール）とダイブウォッチを持たせ、発見したことを記録できるようにしてやった。2020年3月から2021年2月にかけて、親子は潜る場所を4度変え、それぞれでタコとベラの関係を調べた。その結果、タコの採餌に同行するベラの姿が8回にわたって確認された。

2人は魚とタコの行動を注意深く観察した。リーハンによれば、「魚はタコの邪魔をしていたわけでもなく、タコの獲物を盗んでいたわけでもなかった」。ベラは、タコが目もくれないような小動物、つまり「（タコにとって）たんに邪魔なだけの」動物を食べていたに過ぎない。要するに、魚はタコのおこぼれにあずかっていたのだ。

リーハンが目撃したのは、「よくあること」だったのかもしれない、と父親は言う。きっと以前にも、何度となく、何千人とは言わないまでも何百人ものシュノーケラーやダイバーの前で、似たような光景が繰り広げられていたのだろう。「タコがあんまり魅力的だから、たぶん誰も魚に気づかなかったんだよ」と、リーハンなりに推察している。彼が目にしたものは、研究が進むほど魅力的な発見となるかもしれない。父子の研究チームは、タコがベラを受け入れるメリットを見いだせなかったが、さらに調査を進めるつもりでいる。もしかしたら、タコが獲物を探している最中に捕食者に襲われないよう、ベラが見張り役を引き受けているのかもしれない。年長のソマウィーラはそう話す。

リーハンは観察結果を記録し、時間を計測しただけでなく、科学論文の草稿にまとめることまでした。「相当に手を入れた」ことを父親は認めるが、それでも、この10歳の少年は論文の共著者として名を連ねた。オーストラリアの科学研究をつかさどる政府機関が発行する権威ある学術誌『Marine and Freshwater Research』に2021年7月に掲載されたもので、学術論文の形式に則り、筆頭著者は自分の所属を記載している。主任研究員を務める環境・技術コンサルティング会社Stantec Australiaと、非常勤研究員を務める西オーストラリア大学だ。同じように、第2著者の所属も明記されている。リーハンが5年生として通うウッドランズ小学校である。

そこはカナダのバンクーバー島。クリスタル・ジャニッキは自宅近くの冷たい海に60回も潜っていたが、タコを目撃したことは一度もなかった。6年前、29歳で初めてタコに遭遇したとき、彼女はあまりの恐怖に呼吸が荒くなり、ボンベの空気を使い果たしそうになったという。

ジャニッキと潜水仲間が難破船を探索していたとき、ダイバーの1人がミズダコの成体に遭遇した。体長1.5メートルのタコは、吸盤の並んだ赤く長い腕を伸ばしてダイバーの腕に這いのぼり、最後には肩の上に乗った。ジャニッキは最初、ぞっとした。「怖くて危険な生き物だと思っていたから」だ。みんなで海面に浮上したとき、彼女の頭は疑問でいっぱいだったが、真っ先に口にしたのは次のような問いだった。「あのタコ、どうしてあなたに触ったの？」

タコが人間に腕を伸ばすのを見たことで、「火がついたの。すべてを知りたいと思いました。何かが私の中でスパークしたのです」と言う。

得てして自然科学における飛躍的進歩は、ふとした出会いの瞬間に始まるものだ。シルビア・リマ・デ・ソウザ・メデイロスにとっては生物学の野外授業中、彼女のあとをついてきたタコが体色を変え、測定棒をつかもうとしたときだった。アレックス・シュネルの場合は、5歳の年にヒトデや貝殻を探していたとき、何かが手に触れるのを感じ、タコの腕が指に巻きついているのを見た瞬間だった。生まれてからずっと海で過ごしてきたリーハン・ソマウィーラは、近くのサンゴ礁でシュノーケリングにいそしむ父親の背に乗って日々を送るうちに、海の生き物——特に彼に触れようと腕を伸ばしてきたタコと恋に落ちた。

タコを前にしたとき、私たちは自分とかけ離れた生き物との出会いに興奮を覚える。3つの心臓、青い血、切断されても狩りができる腕を持つ彼らは、まったく異質な存在に見える。しかし、私たちはまた、互いの共通点にひかれもする。人間とよく似た目が私たちの目を追い、その腕は私たちの腕に向かって伸びてくる。人間の脳とタコの脳はまるで違って見える

タスマニアのマリア島付近で
クモガニの群れに遭遇したマオリタコ
(*Macroctopus maorum*)。

が、瓶の開け方を理解する、人の顔を見分けるなど、私たちにできて彼らにもできることはたくさんある。タコたちはほかに何ができるのだろうか。そしてその中に、私たちにはできないこともあるのだろうか。

シュネルに言わせると、私たちは今、この魅力的な動物について多くのことを解明しようとしているところだ。しかし、そのためには、複雑な行動、知性、記憶、感情を持つのは人間だけだとか、せいぜい哺乳類までだとか、脊椎動物に限られるというような思い上がりを捨てなければならない。

「誰も触れたがらないけれど、待ったなしの課題です」とシュネルは言う。「動物には人間と同じ経験はないかもしれないけれど、考え、感じることを要する方法で情報を処理する能力はある。それは、カササギから類人猿、ネズミ、コウイカに至るまで、さまざまな動物で証明されています」。シュネルは「劣等種」という言葉が嫌いだが、無知蒙昧な人々がそう呼ぶ動物さえ「感情を経験し、記憶を呼び覚ますことができる」と強く感じている。「この事実を無視し続けることはできません。それを示す証拠が、どんどん積み上がっていますから」

人間は傲慢さを捨てなければならない。ほかの種に対し素直に畏敬の念を抱き、異論を歓迎する謙虚さが必要だ。自分たちが間違っている可能性があることを、私たちは認めなければならない。

現在、クリスタル・ジャニッキは毎日のようにタコを追い求めている。そして得た体験は、これまで彼女が読み、信じてきたことの多くを覆すものだった。

ハファードが見たウデナガカクレダコのように、ミズダコが硬くこわばらせた2本の腕で歩き回るのを、ジャニッキは見たことがある。また、単独行動をするはずのタコが、オクトポリスやオクトランティスのコモン・シドニー・オクトパスのように群れで暮らすのも目にしてきた。

ジャニッキの自宅からそう遠くないところに、難破したヨットが1艇沈んでいる。水深約20メートルの海底に、長さ8.5メートルの船体が横倒しになっているのだ。彼女はたびたびそこを訪れる。そこで初めてダイビングをしたとき、体長1.8～3メートルのミズダコが9匹いるのを潜水仲間と見つけたからだ。タコたちは沈んだヨットの下の砂にめいめいの巣穴を掘り、すみかにしていた。巣穴は互いに60センチと離れていない。いわば「タコの団地」が築かれていたのだ。その中に、外套膜にハート型の傷を持つ雌がいた。沈没したヨットの舳先の真下に巣穴を構えていたその雌ダコは、ジャニッキたちが潜るたび迎えに出てきた。「私たちは彼女のそばに横たわって手袋を外し、吸盤が私たちの手を包み込むのを感じたものです」と、彼女は回想する。時折タコが筋肉を収縮させるのが感じられた。「絹のような手触りのゼリー状のものが、瞬く間に力強い筋肉に変わるのです。それは素晴らしい体験でした」

ある日、その特別なタコはいなくなってしまった。「お別れする準備ができていませんでした」とジャニッキは嘆く。しかし、彼女は今でもその水中の集合住宅にタコが並んですんでいるのを見つけることがある。ついこの間の午後には、5匹まで数えた。

「何を読んでも、タコは孤独な動物だと書いてありました」と彼女は言う。「でもこの辺りでは、ショアダイブで何匹も見つかります」。島の南側では、たった1時間半潜っただけで、岩場に約20匹のタコがいるのを見つけた。「岩壁や大きな石が、まるでタコのマンションみたいでした！」

ジャニッキが遭遇するタコの多くは人見知りだが、驚くほど友好的な個体も少なくない。彼女と戯れるためわざわざ巣穴から出てきたタコの逸話は語り尽くせない。巣穴の中から彼女の手を引っ張ってきたタコもいる。それが結構強い力だったので、ジャニッキは思わずひるみ、設置しておいたカメラを回収しようと、5回ほど水を蹴って後退した。と次の瞬間、体長2メートルのミズダコが自分の上に乗っていることに気づいた。「吸盤で吸われたり、引っ張られたりはしませんでした。ただ、上に乗られていただけ」。ほんの数秒で解放されるだろうと思ったところが、5分たっても、彼女はまだタコにしっかりと、しかし優しく抱かれていた。

「私たちは向かい合っていました」。ジャニッキはそのときのことを振り返る。目が合うと、タコの瞳孔が大きくなった。まるで目が脈打っているように見え、「(まぶたの色素胞が) ちかちかと点滅し、強く、深くなり、目全体に広がり、深みと色がますます高く、強くなっていきました」

クロアチア沿岸の色鮮やかなサンゴ礁で、
まるでポーズを決めているように見える
チチュウカイマダコ。

「彼女の腕が私や私のカメラの上を這っていきます」。ジャニッキは夢見るような表情で記憶を追体験している。「そして、私が息を吐くとき、彼女も息を吐くことに気づきました」

6～7分たっただろうか。ほかのダイバーは写真を撮っていたが、ジャニッキは気づかず、ただその瞬間に没入していた。「ほかの存在はすべて忘れていました。1本の腕が頬を伝ったかと思うと、私の頭を外套膜に抱き寄せる。私たちは完全に水底から離れて、浮かんでいる。彼女の2本の腕に抱きかかえられて、私は彼女の吐息を感じている……」

脊椎動物と無脊椎動物、陸生生物と海洋生物という違いはあれど、2体の成熟した雌が、5億年の進化によって生じた隔たりを超えて見つめ合っていたあのとき、心を通わせているという感覚は手で触れることができるぐらい確かなものだった。「人間相手にも動物相手にも感じたことのない絆でした」とジャニッキは振り返る。「名誉なことだったし、信じられないことでもありました。あの力強さを、きっと私は一生忘れないでしょうね」

EPILOGUE

想像を広げ、心を開く

Expanding Imaginations, Opening Hearts

マオリタコはニュージーランド海域原生の
タコとしては最大級の大きさを誇り、
腕を伸ばすと、端から端まで3メートル近くになる。

タコの腕は2カ月から
4カ月で再生される。

ニューイングランド水族館でタコの友たちと1日過ごしたあと、私は上機嫌でハンドルを握り、大声で歌いながら家まで2時間の道のりを運転したものだ。彼らと過ごす毎日は至福の時であり、啓示を受けることもあった。

例えば、捕獲されたときすでに大型の成体で、海の事情にも通じていたオクタビアと私が打ち解けてからまだ間もない頃、彼女はいたずらっ子の一面を見せてくれた。その日、私は『Living on Earth』という全米ネットの環境ラジオ番組の関係者数人を水族館に招き、オクタビアに引き合わせた。番組司会者のスティーブ・カーウッドにプロデューサーと音響スタッフを加えた一行は、飼育係のビル・マーフィー、ボランティアのウィルソン・メナシ、そして私と一緒に水槽を囲み、タコとのふれあいを楽しんでいた。バケツからカラフトシシャモを取っては与え、体をなでてやると、オクタビアは吸盤で私たちの手をもてあそんだ。誰もがタコの体色変化に見とれ、彼女が私たちをつかむ感触にうっとりし、腕と腕の間の傘膜(さんまく)が絹のように水に浮く物憂げなさまを陶然と眺めていた。そうしているうち、何分たっただろうか。私たちは、オクタビアが魚のお代わりを欲しがっているかもしれないということに思い至った。そして水槽の縁の出っ張りに載せておいたバケツに手を伸ばした。バケツはなくなっていた。

私たちのうち3人は水槽に両手を浸してオクタビアに触っていた。残りの3人もオクタビアに注目していた。どうしたことか、彼女は私たちの目の前でバケツを掠め取っていたのだ。

調べてみると、オクタビアは自分の体の下にバケツを抱え、傘膜で覆い隠していた。そして驚いたことに、魚には手をつけていなかった。目当ては魚ではなく、バケツだったのだ。私たちがそのことに気づくと、彼女はあっさりバケツを返してくれた。まるで、見つけられてしまったらもう興味がないとでもいうように。

何が起きたのか、カーウッドには分かっていた。1匹のタコが、6人の人間を出し抜いたのである。彼はリスナーに問いかけた。「タコがこれほど賢いなら、ほかの動物たちはどれだけ賢いのでしょう？　人間並みの知覚を持つとか、個性や記憶があるなんて思いもよらない動物たちですよ？」

カーリーもまた、私たちを驚かせてくれた。極めて熱烈なタコ崇拝者であり、水族館でボランティアを務めるクリスタ・カルセオが、広汎性発達障害を持つ双子の弟ダニーをオクタビアとカーリーにこっそり会わせてあげたいと考えたときのことだ。ダニーはタコについて書かれたものを手当たり次第に読んでいた。タコが大好きだったのだ。

反面、ダニーは不安でもあった。ビルのように巨大なタコが人間を襲うテレビ番組を見たことがあり、現実にそういうことが起きないという確信が持てなかったのである。

そんなわけで、私たちがカーリーの水槽の蓋を開けたとき、ダニーの気持ちは揺れていた。カーリーは頭と3本の腕を水面から出して、クリスタとウィルソンと私を迎えてくれた。吸盤が、私たちの肌にしっかりと押し当てられる。ダニーは恐怖で体を震わせながらも、カーリーに触りたくて仕方がなかった。意を決して手を伸ばすのだが、震える指で吸盤をつつくたびに、カーリーは後退してしまう。

「かみつきゃしないよ！」とウィルソン。「さあ、怖がらないで！」クリスタも励ます。けれども、ダニーは恐怖を克服できずに震え続け、カーリーはそれが気に入らなかった。

突然、凍るように冷たい塩水がほとばしり出て、宙に弧を描いた。もう一度。さらにもう一度。3発目がダニーの顔を直撃した。

ほかの誰かだったら恐れをなしていたかもしれない。怒って、冷たい水に濡れたまま帰ってしまった可能性もある。でも、ダニーは違った。水をかけられたことで、カーリーを怪物ではなく遊び仲間として見られるようになったのだ。もう、触るのも平気だった。

ダニーが差し出した手のひらに、カーリーはそっと吸盤を押し当ててきた。最初は5つだけ、次に10個、その次にはおそらく20個……。「僕のこと、すごく好きみたい」。ダニーは言った。

そのときカーリーの心に何が起きていたのだろう。ダニーのおびえを感じ取っていたのは明らかに思える。だが、どうやって？　多くの哺乳類と違い、タコは恐怖で震えるということがない。ダニーの指先から味覚で恐れを感じ取ったのだろうか？　また、塩水を噴射することで、彼女は何を伝えたかったのか。いら立ち？　それとも、一緒に遊ぼうという彼女なりの誘い？　そして、ダニーがもう怖がっていないと、どうして分かったのだろう？

その答えは、アレックス・シュネルやC・E・オブライエンのような人たちがいつか見つけるだろう。けれども、カーリーの振る舞いを見れば、彼女が一人ひとりを見分け、行動も感情も異なる個人として認識していることは、科学者ではない人にも分かった。

水族館に通っていると、特別変わったことが起こらない日もたくさんあった。もちろん、タコが私を見て、私だと気づき、隠れていた場所から出てきて、そばに寄ってくるという事実、ゼリー状の奇跡のような体をそっとなでてやると、吸盤で私を優しくつかみ、一緒に遊んでくれるという事実は、それだけで十分特別なことだった。

タコを知るようになった人々の多くが、これと同じ驚きを経験している。アダム・ガイガーはテレビシリーズ『解明！　神秘なるオクトパスの世界』の撮影中、オーストラリアのリザード島沖で出会ったワモンダコとのエピソードを回顧する。そのタコは、大きな石のような形をしたサンゴの頂に乗っていた。巣穴にするのにちょうど良い隙間があったからだ。「初日は、僕らの存在に慣れさせるため、タコに近づいては離れることに2時間費やしました」と彼は言う。「タコはじっと動かずに、僕らを見ていました。2日目もやはり僕らを見ていたけれど、30分たつと狩りに出かけ、あとをついていっても嫌がりませんでした。3日目は10分ほど僕らを眺めてから、採餌に取りかかり、4日目は5分もすると僕らの存在をまったく気にしなくなりました」。これは異例なことだった。生物学者が野外で研究対象の動物を慣れさせようとすると、普通は数カ月かかる。このワモンダコは極めて飲み込みの早い個体だったわけだ。けれども、野生動物の撮影に半生を捧げてきたガイガーの心をとらえたのは、「このタコが僕を認識し、なついているように見えた」ことだ。「向こうから寄ってきて、触ってくる頻度が、

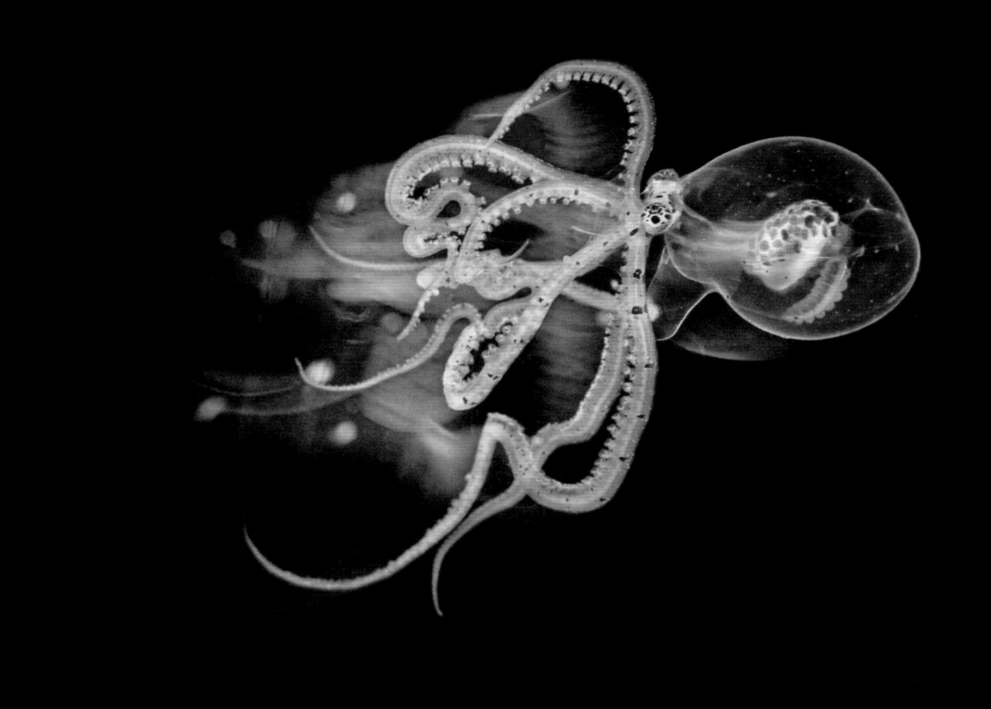

ほかのカメラマンたちに対するより多いように思えました」と言う。それは彼の言葉を借りれば、「信じられないほどの特別扱い」だった。

まさにそのとおりで、自分を受け入れてくれるどんな動物にも同じことが言える。だから私は動物と過ごす時間が好きなのだ。イヌと散歩したり、池のカメを観察したり、タカと鷹狩りを楽しんだり。

いっぽうで、タコのように自分とは異質な存在と心を通わせることは、スリリングで神秘的な体験でもある。ほとんど魔法のように感じられるのは、おそらく、体の色や形を変えるタコの特殊能力のせいだろう。人間は変身物語に心ひかれるものだ。スコットランドやアイルランドには、人に化けることができるセルキーというアザラシの言い伝えがある。アマゾン川流域では、エンカンタドと呼ばれるピンクのイルカの話が語り継がれている。エンカンタドは見知らぬ美男あるいは美女として踊りの輪に加わっては、人間を誘惑し、ことを終えると川に飛び込んでイルカに戻る妖かしの存在だ。ベルセルクとして知られる北欧の戦士集団が精強を誇ったのは、

上：フィリピン沖を漂うブンダープスの幼体。

オオカミやクマに変身する能力のおかげだったという。スラブ神話では、魔法と動物と冥界の支配者であるヴェレスが、オオカミやヘビ、フクロウ、ドラゴンの姿で現れることがある。どの物語においても、変身する生き物は私たち生身の人間に異世界の知識をもたらしてくれる。

もちろん、それらは神話であって科学ではない。しかし、変幻自在のタコが繰り返しやっているのは、まさにそういうことだ。その様子は、古代人が夢にも思わなかったような科学技術のおかげもあって、本書で紹介した逸話やデータ、映像に記録されている。タコは私たちに異世界を見せてくれているのだ。私たちの世界と重なり合いながらも、私たちの経験の埒外にある異世界を。

タコの心と体に関する新たな発見が次々に発表される今、私は長年つきあってきたタコとの関係を、より深く理解できるようになった。そもそも、なぜタコたちが私と一緒に過ごしたいと思ったのかも、今なら見当がつく。タコは必ずしも一匹狼ではないことが、今では分かっている。少なくとも特定の状況下なら、他者と一緒にいることで繁栄を享受できる種もいる。私と友だちになったのは、たんに飼育されていることによる異常行動ではなかったのかもしれない。

そして、この新しい科学に私が興奮するもう1つの理由は、こうした最新の研究が、古代の物語にちりばめられた数々の真理を解き明かしてくれるように思えるからだ。すなわち、人間とタコは違っているのと同じくらいつながってもいて、私たちは生きとし生けるものすべてと深いところで結びついているということだ。

そのことを、私たちは時々思い出さねばならない。私は今でも水族館へ足を運ぶ。そして以前と同じように、水槽の中のタコを見物している来館者をそっと眺め、その感想に耳を傾けるのが好きだ。ある日、10代の女の子3人連れがオクタビアの近くにやって来た。1人が「うぇっ」と叫んだ。「触ったら気持ち悪そう！」私は“友”のため、割って入らずにいられなかった。

「でも見て。卵があるのに気づいた？」

女の子たちは気づいていなかった。死期に近づきつつあるオクタビアは、米粒大の白い卵を何万個も産んでいた。夜、誰も見ていないところで、糸状に連なる卵（卵塊）を次から次へと産み、分泌腺から出る液で固めては、巣の天井や壁から真珠のネックレスのように吊り下げた。悲しいかな、受精させる雄がいなかったため、卵は無精卵だった。しかし、オクタビアがそれを知る由もなく、野生の母ダコがそうするように卵を守り、せっせと掃除をした。真珠のような宝物にゴミが付着すると、彼女は漏斗（ろうと）から水を噴射してきれいに洗い清める。器用な吸盤で卵の連なりを1本1本なで、ふんわりと膨らませもした。彼女は片時も――餌を食べるためにさえ卵から離れなかった。水面まで上がってきて私たちと戯れたり、人間の手から魚を受け取ったりすることはなくなった。私たちは柄の長い金属製のトングを使って餌を巣の中に差し入れてやらなければならなかった。

「卵は何万個もあるのよ。それを一生懸命に世話しているの」。母親が赤ん坊にキスをするように、オクタビアが吸盤で卵の連なり1本1本に触れる様子を、私は3人の少女に説明した。

すると、女の子たちの態度ががらりと変わった。「嘘でしょ！」と叫んだのは、オクタビアを「気持ち悪い」と言った子だ。「かっこいい！」別な子も声を上げる。3人はしばらくオクタビアの水槽の前にとどまり、感心した様子で眺めたあと、それぞれの携帯電話で写真を撮ってから移動していった。去り際、1人が私に向かって優しく言った。「あの小さなママの面倒を見てあげてね」

あまりにも短い生涯が終わりに近づき、無防備で孤独な時を過ごす友を、私はどれほど介護したかったことか。けれども、トングで魚を差し入れる以外、私たちがオクタビアにしてあげられることはほとんどなかった。彼女のほうが、私たちと関わる意欲をなくしてしまったのだ。彼女には卵の世話という、もっと重要な仕事があった。ミズダコはかくも献身的な母親で、卵を産み始めた瞬間から、たとえ餌を食べるためでも決して巣から離れない。野生の母ダコは、卵が孵化するまでの6カ月間ずっと飢餓状態にあり、末期の息さえ、孵化した幼体を巣から大海原へ送り出すために使う。漏斗からの噴射で、わが子たちを吹き飛ばすのだ。

無精卵が孵化することはあり得ない。それでもオクタビアは卵のそばを離れなかった。そのまま5カ月が過ぎ、半年を超え、7カ月がたった。甲斐甲斐しい世話にもかかわらず、卵は天井からはがれ落ち、小さくなり、腐敗し始めた。オクタビアはその残骸の上に張りついたかのように動かない。8カ月、9カ月、10カ月……。その間にも、私たちの友は年老いていった。いくら餌を与えても、寄る年波には勝てず、筋力は衰え、皮膚は張りを失い、体色も褪せた。彼女はいかにも疲れて、小さく見えた。

そしてある朝、私は彼女の片目が腫れ上がっているのに気づいた。感染症だ。年を取れば誰もがそうなるように、彼女の体は弱っていた。オクタビアを担当する上級飼育員のビル・マーフィーは、展示用の水槽から移す時だと判断した。そうすれば、野生下で死にゆく母ダコのように、最期の日々を静かな暗い場所で過ごすことができる。

別の水槽に移されたあと、私はお別れを言うためにオクタビアを訪ねた。彼女に私のことが分かるとは期待していなかった。卵の世話に夢中だった10カ月間というもの、オクタビアは私の肌を味わうこともなければ、水面から私の顔を見上げることもなかった。3年ないし5年しか生きないミズダコにとって、10カ月も会わないのは数十年の別離に等しい。

研究者の間では、動物が幼少期に自分にとって大切だった人間を認識し、温かく迎える事例がいくつか知られている。クリスチャンという名のライオンは2人の青年に育てられたあと、1971年にアフリカへ連れていかれ、野生に放たれた。それから9カ月後、2人が訪ねていくと、クリスチャンは喜び勇んで駆け寄ってきて、顎(あご)を2人の顔にこすりつけたという。また、英国の繁殖飼育施設で育てられ、のちに野生に帰されたゴリラ、クウィビの例もある。クウィビがガボンのジャングルに放されてから5年後、かつて彼の面倒を見ていた保護員ダミアン・アスピノールが会いに行った。年齢の半分に相当する歳月を離れて暮らしていたにもかかわらず、クウィビは匂いをかぎ、鼻をこすりつけ、抱きしめて旧友を迎え入れ、家族にも紹介してくれた。とはいえ、ライオンとゴリラは、私たちと同じく大きな脳を持つ哺乳類だ。タコのオクタビアに同じ反応を期待できるだろうか？

ウィルソンが水槽の蓋を開けてくれたので、私たちは身を乗り出して水中を覗き込んだ。オクタビアは底にいた。すっかり年老い、病み、死にかけていた。しかしそれでも、驚いたことに、彼女は水面に上がってきた。私たちの顔を見つめ、吸盤の並ぶ腕を差し伸べてくれた。

魚を手渡そうとしたが、オクタビアはそれを水槽の底に落としてしまった。もはや食べることに関心がないのだ。その代わり(相当無理をしていたのかもしれないが)何分間も水面にとどまり、私たちのそばにいてくれた。今生の別れにその絹のような皮膚をなでてやっている間、私たちをつかみ、味わっていた。

それから間もなくしてオクタビアは死んだ。最後の別れについて、私は本に書いた。短命な無脊椎動物の生と死が全世界数十万人の涙を誘うことになるなど、当時、誰が予想できただろう。けれども、実際そうなったのだ。彼女の命には、それだけの意味があった。

動物行動学者のジェーン・グドールはロンドンの『サンデー・タイムズ』紙で同様のことを指摘している。1972年10月1日付の同紙に掲載された記事の中で、グドールはフローという名のチンパンジーを追悼した。彼女は1960年に初めてナイジェリアのゴンベを訪れて以来、群れで最高位の雌だったフローを見守り、記述を続けた。「フローは科学に多大な貢献をした」とグドールは書く。「彼女とその大家族は、チンパンジーの行動に関する多くの情報を提供してくれた。しかし、仮に誰もゴンベに暮らすチンパンジーたちを研究しなかったとしても、豊かで活力と愛に満ちたフローの生涯は、物事の重要性とパターンにおいて何がしかの意味を持ったことだろう」

これはきっとオクタビアにも、いや、飼育下か野生下かを問わず、研究室や水族館や海洋に生きるすべての動物たちに当てはまるに違いない。私が願ってやまないのは、彼らの生態に関する科学的発見が、人類の叡智を増進させるためだけでなく(それ自体、価値あることだが)、動物たちを理解し尊重するためにも役立つことだ。彼らは私たち同様、輝かしい生を懸命に生きており、その一生には私たちの生涯同様、彼らなりの意味と意義があるのだから。

Octoprofiles

オクトプロファイル

ウォーレン・K・カーライル4世

タコは、海洋世界のあらゆる動物の中で最も驚異的かつ特異な多様性を見せる。世界には300種以上のタコが生息しているが、研究者からの関心、注目が集まるなか、新種発見のペースはどんどん速まっている。大胆な性格の種もいれば、用心深い種もいる。滑らかな皮膚を持つものもいれば、毛むくじゃらのものもいる。このパートでは、既知のタコ（およびコウイカ）の中で特に不思議な16種を紹介する。しかし、彼らは海の果てしない神秘のほんの一部を象徴しているに過ぎない。この輝かしい生物については、まだまだ分かっていないことがたくさんあるのだ。

Common Octopus

チチュウカイマダコ

Octopus vulgaris

寿命	12～15カ月
全長	1.3m
体重	10kg
生息域	世界中の熱帯、亜熱帯、温帯の海
食性	カニ類、二枚貝、腹足類、多毛類、その他の甲殻類、頭足類、各種硬骨魚類

身長180cmのヒトと比べた大きさ

チチュウカイマダコは世界中の温暖な海に生息し、どこでも姿を見られることから、「ありふれた」を意味するやや屈辱的な種小名（*vulgaris*）を与えられた。しかし、その行動を見るだけで、もっとましな名前をつけるべきだということが分かる。

チチュウカイマダコは問題解決能力に秀でたタコだ。岩礁の隠れた割れ目を探ったり、傘膜を使って獲物を捕らえ包み込んだりできる。また、漏斗から水を噴射して、コーラルヘッドや貝殻や割れ目から堆積物を吹き飛ばし、潜んでいたごちそうをむき出しにすることもできる。力強い腕と吸盤によって軟体動物の殻をこじ開けたり、歯舌（くちばしの内側にある鋭利な舌のような構造物）で軟体動物の殻に穴を開け、餌をかき出したりもする。歯舌を使って何かの表面を掃除したり、麻痺を引き起こす毒を獲物に注入したりすることも可能だ。

アザラシ、オニカマス、ウナギはチチュウカイマダコを捕食するが、チチュウカイマダコには多種多様な防御策がある。例えば、嗅覚のカムフラージュにより環境に溶け込むことができる。チチュウカイマダコはあまりおいしくない生物特有の匂いを発して捕食者を混乱させ、さらに漏斗から墨を噴出する。実際に対決する場合は、腕を振り回して捕食者を怖気づかせ、追い払おうとするかもしれない。

Wunderpus

ブンダープス

Wunderpus photogenicus

寿命	不詳
全長	約41cm
体重	7～11g
生息域	南西太平洋の熱帯域
食性	小型の甲殻類、魚

ヒトの手と比べた大きさ

砂と泥とがれきの世界にひっそりと暮らすブンダープスは、キャンディーケーン（ステッキ形のアメ）に似た縞模様と高い眼柄によって、見る者を魅惑する存在感を放っている。この非凡な生き物は生息地と強く結びついている。軟らかい堆積層の底質を好み、砂に深い穴を掘って、休息を取ったり隠れたりできる聖域を築くのだ。タコ類の多くが遊泳生活を送るのに対し、ブンダープスは自分の巣をなかなか見限らない。少なくとも3週間は同じ巣穴にすみ続けることが知られている。その巣穴から、平たく長い腕を優雅に伸ばし、海底の裂け目や穴を探っては、無防備な獲物を見つけ出す。

その種小名（*photogenicus*）にふさわしく、ブンダープスはとてもフォトジェニックな（写真映えのする）タコである。何種類もの黄金色と複雑な模様が織りなす生きたモザイクとでも呼ぶべき体を持ち、Y字型の頭の上には眼柄が身構えるように屹立している。傘膜のある腕は特徴的な縞模様に彩られ、伸ばすと外套膜の5倍から7倍の長さになる。

小さな魚やカニが近づくと、ブンダープスは腕で自分の体を持ち上げ、仁王立ちのような格好で標的を見おろす。そして、腕の間の傘膜を瞬時に広げてパラシュート状のトラップを作り、獲物を包み込む。次に腕の1本を素早く引っ込め、獲物をくちばしに引き寄せると、麻痺を起こさせるセファロトキシン（特定の頭足類に特有の、唾液をベースにした毒素）を獲物に注入する。窮地に立たされたときには長い腕のどれかを切り離し、追っ手がそれに構っている隙に逃走する。失った腕は、安全な場所に帰り着いてから再生すればよいのだ。

ブンダープスはまた、捕食者を混乱させるような形に腕をねじったり歪めたりすることもできる。体を平らにして皮膚の質感を変え、海底のヒラメになりすましたり、腕をらせん状にくねらせて、とぐろを巻くウミヘビの真似をしたり、体をうねらせてクラゲの脈動を模倣したりと、「驚異」を意味するドイツ語（wunder）に由来する名に恥じない多才ぶりを遺憾なく発揮する。

Caribbean Dwarf Octopus

カリビアン・ドワーフ・オクトパス

Octopus mercatoris

寿命	8〜10カ月
全長	約11.5cm
体重	約28g
生息域	カリブ海、メキシコ湾、フロリダ沿岸の浅瀬
食性	カニ、エビ、小型の魚

ヒトの手と比べた大きさ

カリビアン・ドワーフ・オクトパスは、カリブ海とその近辺の熱帯・亜熱帯海域に生息する手のひらサイズの不思議なタコである。外敵やシュノーケラーから身を隠すのに最適な、水深5メートル以下の浅い藻場を好む。陸地に近い海域に生息し、スイマーやダイバーには親しまれているが、この小さなタコについて分かっていることはほとんどない。

暗褐色と赤に彩られたカリビアン・ドワーフ・オクトパスのカムフラージュ能力は、夜間に真価を発揮する。このタコは小さいながらも俊敏な捕食者であり、小さな魚、カニ類、エビ類をつけ狙い、驚くほど正確に獲物をしとめることで知られている。逆に大型の海洋生物からは獲物と見なされるが、カリビアン・ドワーフ・オクトパスは強力な防御機構を備えている。濃い雲状の墨を噴き出して捕食者の方向感覚を狂わせ、その間に素早く逃げ出すことができるのだ。

タコは長らく孤独な存在だと考えられてきたが、カリビアン・ドワーフ・オクトパスの場合、時たま小さな群れが浅瀬の岩場

で観察されてきた。もっとも、その社会生活の細部はいまだ謎に包まれている。どのように、そして、なぜタコの共同体が生まれ、機能しているのか理解するべく、科学者たちは研究に取り組んでいる。

カリビアン・ドワーフ・オクトパスは既知のタコとしては最小の種だが、その繁殖能力は特筆に値する。雌は1回の産卵で50個から320個の大きな卵を産み、卵からかえった幼体は海底を徘徊し、すぐに遊泳や狩りができるようになる。この大きな卵のおかげで、ペット用タコ市場（少規模ながら水族館のオーナーや頭足類マニアなど熱心な人々が集まる）で人気の種となっている。

Coconut Octopus
メジロダコ

Amphioctopus marginatus

寿命	1〜2年
全長	30cm
体重	約450g
生息域	インド洋と西太平洋の熱帯域
食性	カニ、二枚貝、魚、エビ

ヒトの手と比べた大きさ

メジロダコは、脈模様のあるタコ（*veined octopus*）という別名を持つとおり、皮膚全体に血管系が浮き上がっている。頭頂部から暗紫色の血管が四方八方に体を伝い、8本の腕の先まで達している姿は、大きな脳を持つスーパーヴィラン（スーパーヒーローの敵役）といった趣だ。外見に違わず、メジロダコの認知能

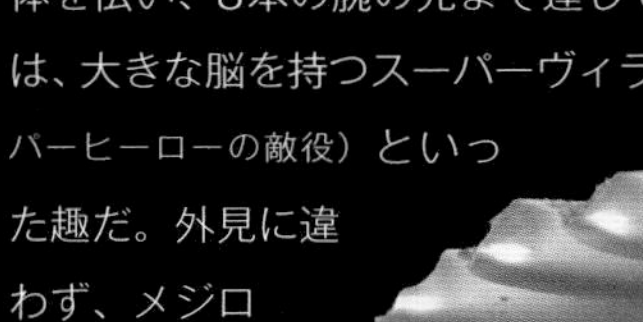

力は驚くほど洗練されている。彼らは道具を集め、狩りや隠遁のために使う。巣にバリケードを築くため石を動かし、持ち上げ、運ぶ種はほかにもいるが、メジロダコが扱うのは石にとどまらず、その能力が発揮されるのは巣穴の中だけと限らない。彼らはさまざまな場所で、さまざまな目的のために物を利用する。例えば、ココナッツの殻や二枚貝の殻を利用して、持ち運び可能なシェルターを作る。6本の腕を駆使して物体を上からつかみ、残りの2本で海底をつま先立ちに"歩く"姿は、貝殻が竹馬に乗っているように見える。

メジロダコは放置された二枚貝の殻を見つけると、貝殻の中で丸くなり、吸盤を使って2つの殻を引き寄せることで、即席の隠れ家とすることもある。海底に落ちているあらゆる種類の廃棄物を（割れたガラス瓶さえ）生かし、自分の身を守るシェルターを作ることも分かっている。雌はそれをねぐらにして、休息を取ったり、安心して卵を産んだりする。

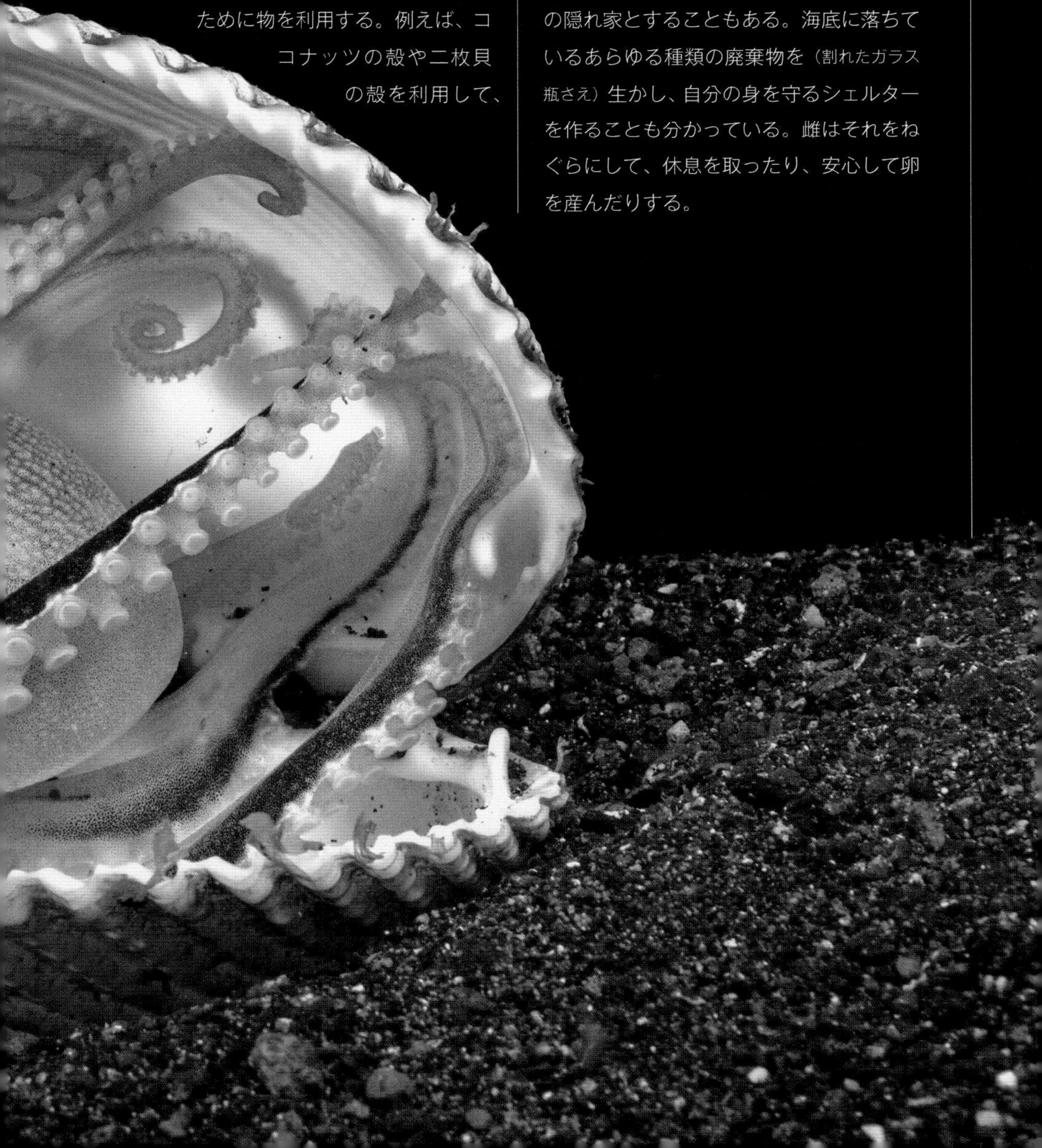

Giant Pacific Octopus

ミズダコ

Enteroctopus dofleini

寿命	3~5年
全長	2.7~4.8m
体重	約70kg
生息域	北太平洋沿岸部
食性	甲殻類、二枚貝、棘皮動物、腕足類、サメの卵、(まれに)海鳥

身長180cmのヒトと比べた大きさ

ミズダコは世界最大のタコであり、その体格にふさわしい脳を備えている。

シアトル水族館が2010年に実施した研究により、この賢い無脊椎動物が飼育員

と社会的な絆を結ぶことが明らかになった。それは、2週間にわたり8匹のタコを2つの異なる人間グループに接触させるという実験だった。片方のグループは一貫してタコに餌を与え、もう片方は先にブラシの付いた棒でタコを触った。2週間後に調べたところ、タコは餌をくれた人間に近づき、交流する傾向が強いことが分かった。また、餌をくれず棒でつついてきただけの人間と一緒にいるときに比べ、休んだり遊んだりして、よりリラックスした行動を示すようにも見えた。

ミズダコの9つの脳を刺激するには、必ずしも食べ物による動機づけは必要ない。何匹かの飼育個体によって、この種が道具を使い、パズルを解き、純粋に遊びを楽しむ能力を備えていることが示された。ミズダコが瓶を開け、ルービックキューブをひねり、おもちゃを振ったり引っ張ったり吸い上げたりするのを、研究員が観察している。純粋に楽しむためにそうしているようだが、繰り返すうちに興味を失うのは人間と変わらない。同じことを長く続けていると飽きてしまうのだ。

Day Octopus
ワモンダコ

Octopus cyanea

		身長180cmのヒトと比べた大きさ
寿命	12～15カ月	
全長	1m	
体重	約6kg	
生息域	太平洋とインド洋の熱帯域	
食性	甲殻類、主にカニ	

ワモンダコはサンゴ礁というダイナミックで競争の激しい世界で生き残るため、狡猾な戦術と戦略的な同盟関係を駆使する。フエダイやオニカマスといった捕食者が、迷路のように入り組んだサンゴ礁を縫うようにしてつけ狙ってくるが、ワモンダコには8本の腕以外にもいくつか奥の手がある。

ワモンダコは微妙な色合いのベージュから鮮やかな栗色に体色を変化させることができるが、食物連鎖の上位に位置する生き物に偽装を見破られた場合は、「眼状紋」と呼ばれる目玉のような模様を浮き出

させてみせる。同時に8本の腕を広げ、体を膨らませた姿は、危険な捕食者そのものだ。この変身だけでも、攻撃者を威嚇し、窮地を脱するのに十分な時間を稼げるかもしれない。

ワモンダコは、周辺環境の様子を理解し記憶するのに役立つ空間的推論を使って移動できるようだ。水槽内の餌の近くにプラスチック製の目印を置き、それを移動させることで、ワモンダコの能力をテストする実験が行われた。その結果、目印が移動しても、彼らはそこへたどり着くことが分かった。こうした観察結果は、ワモンダコが腕の吸盤や味覚、触覚からインプットされる化学触覚情報を使って環境を探索するのに加えて、岩やサンゴの地層その他の目立つ特徴といった視覚的目印も活用していることを示唆している。

個体としての能力もさることながら、ワモンダコはバラハタなど頼りになる魚とチームで狩りをすることもある。バラハタは30メートル以上離れた獲物を見つけることができ、研究者が「微妙な頭の揺れ」と呼ぶ動作で、獲物の位置をワモンダコに伝えることが確認されている。その見返りとして、ワモンダコは狭い隙間に隠れている獲物を漏斗からの噴射で追い出し、バラハタと分け合う。

ワモンダコとバラハタが連係プレーを演じるすぐそばで、クラカケエビスなどがちゃっかりただ飯にありつく機会をうかがっているかもしれない。しかし、ワモンダコには“タコパンチ”という武器がある。獲物を掠め取ろうとする魚がいれば、1本の腕を鞭のようにしならせて弾き飛ばしてしまうのだ。

Blue-Ringed Octopus

オオマルモンダコ

Hapalochlaena lunulata

ヒトの手と
比べた大きさ

寿命	2年
全長	20cm
体重	100g
生息域	南西太平洋、東インド洋
食性	主に甲殻類

オオマルモンダコは人間の手ほどの大きさしかないが、くちばしに恐るべき秘密兵器を持っている。それは、テトロドトキシン（TTX）という強力な神経毒で、オオマルモンダコの後部唾液腺にすみついている共生細菌によって生成され、くちばしから注入される。

TTXは神経細胞の機能を破壊し、ナトリウムチャネルをブロックして数秒で麻痺を引き起こす。オオマルモンダコにかまれても痛みは感じないかもしれないが、たった1ミリグラムのTTXで人間は死に至る。TTXに侵された患者からは、灼熱感やひりひりする感覚、しびれ、筋力低下、視力の変化、会話困難などが報告されている。重症例ではやがて麻痺や呼吸不全をきたすが、解毒法は分かっていない。ありがたいことに、オオマルモンダコは人間に対して攻撃的ではなく、挑発したり、扱いを誤ったりしない限り、脅威とはならない。

しかし、ひとたび身の危険が迫ると、オオマルモンダコは臨戦態勢に入る。わずか1秒足らずで褐色の体を鮮やかな黄色に変え、皮膚のキャンバスに青色の輪を最大60個も浮かび上がらせる。一つひとつの輪を暗い色素胞の光輪が取り囲み、まがまがしい模様を完成させる。これは、うかうかと近づき、凶悪なひとかみにあえて身をさらそうとする異種生物を思いとどまらせるための信号にほかならない。

Blanket Octopus

ブランケット・オクトパス

Tremoctopus spp.

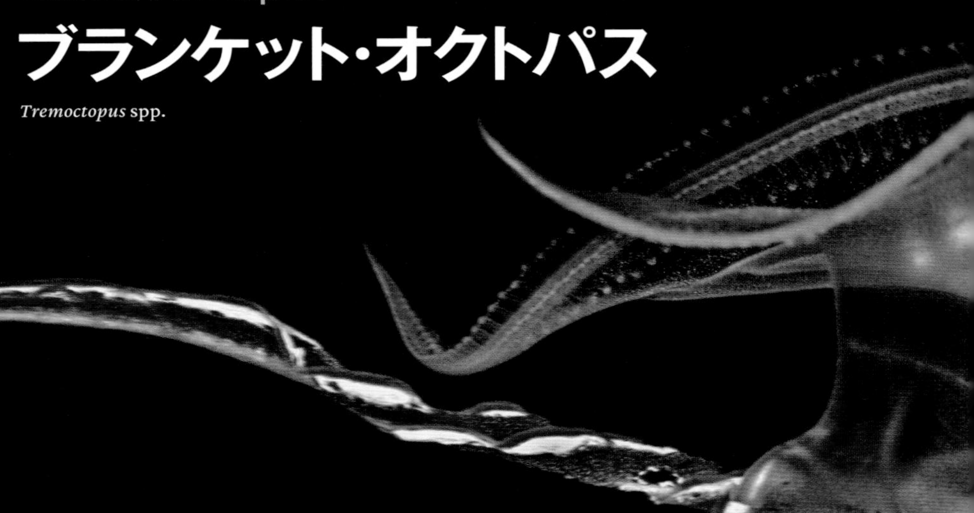

寿命	3~5年
全長	約1m
体重	10kg
生息域	世界中の海洋の熱帯域および亜熱帯域
食性	小型の軟体動物、魚、クラゲ

身長180cmのヒトと比べた大きさ

ブランケット・オクトパスの雌（写真）は遊泳生活を送る。海中を滑空するように泳ぐとき、そのマント（4本の腕をつなぐ優美で透明な肉の広がり）が天女の羽衣のように波打つ。太陽の光が差し込むと、マントは万華鏡のような色彩を放ち、タコは生きた虹に変身する。

そんなブランケット・オクトパスの雌にとって、外洋は危険に満ちた場所である。マグロ、バショウカジキ、サメといった大型の捕食者たちが“珍味”として狙ってくるからだ。しかし、ブランケット・オクトパスの雌はくみしすい相手ではない。まず、立派なマントを広げ、目を引く目玉模様を見せつけることで、近づく者を威嚇する。それだけで捕食者を抑止しきれない場合は、目に見える折れ線に沿ってマントの一部を意図的に脱ぎ捨て、それをおとりにする。それでも戦わざるを得ないときには、すさまじい戦闘能力を発揮する。ブランケット・オクトパスの雌は、猛毒を持つ

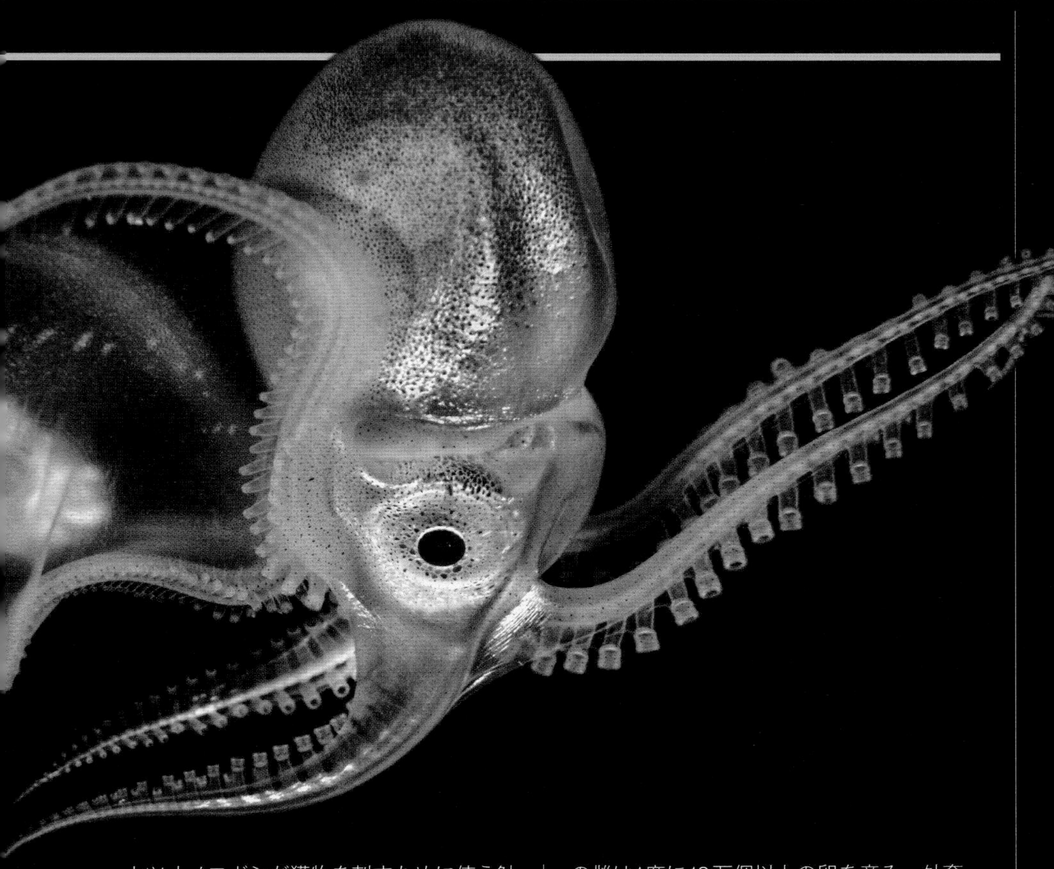

カツオノエボシが獲物を刺すために使う触腕さえ引きちぎることで知られている。

雌が大海原で生き残りをかけて戦っている間、ブランケット・オクトパスの雄は雌を見つけるため奮闘している。イチゴよりも小さな体に似合わず、雄は強い意志を持っている。本能に導かれるまま雌のもとへたどり着くと、精莢（せいきょう）を積んだ交接腕を切り離し、雌に渡す。この行為は雄にとって命取りになるが、種の存続を確実にするためには最善の策なのだ。

切り離された交接腕は雌の外套膜の奥深くまでくねくねと入り込み、受精を果たす。先に挿入された別の雄の交接腕と合体することさえある。ブランケット・オクトパスの雌は1度に10万個以上の卵を産み、外套膜のある部分から分泌した炭酸カルシウムでできた2本のスポンジ状の茎によって卵を自分に付着させる。サンゴの骨格や卵の殻、真珠、貝殻などを構成する物質に似たこの茎は、卵が成熟するまでの間、安全な揺りかごとなる。

卵は各発育段階を経るにつれて色が変化していく。初期は白く輝き、より発達した胚はピンク色に、最も発達した胚は濃い灰色になる。母となったブランケット・オクトパスは大海原を渡りながら、マントを使って卵を守り、肌身離さず持ち運ぶことで、万一にもその命が失われないようにする。

Flamboyant Cuttlefish

ミナミハナイカ

Metasepia pfefferi

寿命	1～2年
全長	10～13cm
体重	約43g
生息域	インド太平洋の熱帯域
食性	魚、甲殻類

ヒトの手と比べた大きさ

タコと近縁のミナミハナイカは、1日の大半をインド太平洋の砂底でカムフラージュをして過ごす。その姿は、ほとんど泥の盛り上がりにしか見えない。1平方インチ（約6.5平方センチメートル）当たりの色素胞がほかのどの頭足類よりも多いだけあって、変装の腕前はずば抜けている。

ミナミハナイカはサンゴ礁とサンゴ礁の間に広がる海底砂漠を横断する単独行動性の種だが、泳ぎは得意でない。菱形の甲（全体長にわたる、浮力のコントロールに役立っている体内の殻）が邪魔をするため、滑空するように泳ぐことは難しい。その代わり、この丸みのある体をした虹色のコウイカは、前方の腕と外套膜の下にある一対のフラップ（突起）を使って進む。いわば海モードのパワーウォーキングだ。

しかし、ミナミハナイカはコンマ7秒のうちに、何の変哲もない砂の塊から色と動きに満ちたまばゆい姿に変身できる。色を変化させる色素胞同士が高速で神経接続しているため、白、黄、赤、茶という魅惑的な色彩の万華鏡を作り出せるのだ。多彩な模様は捕食者を戸惑わせるとともに、配偶者候補への求愛にもなる。英語ではflamboyant cuttlefish（きらびやかなコウイカ）と呼ばれる所以だ。

ミナミハナイカの雄が見せる求愛行動は実に魅力的だ。全身は幽霊のように白く、腕の先だけピンク色になる。その姿で体を震わせながらお辞儀をし、雌の合意を得ようとする。しかし、この誇示行動には代償が伴う。捕食者の注意を引いてしまうリスクが高まるのだ。

ミナミハナイカは孵化する前に海中を観察し、生き延びるすべを学ぶ。透明な卵に包まれたミナミハナイカの胚は、目が発達する間に環境に関する貴重な情報を収集する、いわゆる「胚期の学習」にいそしむ。例えば、孵化する前のミナミハナイカは、ある種の獲物が頻繁に卵の前に現れると、その獲物に対する視覚的嗜好を発達させることができる。生まれたときからすでに、イカはどの種類の餌がその一帯に豊富で、どの種類の餌が比較的少ないかを理解しているのだ。

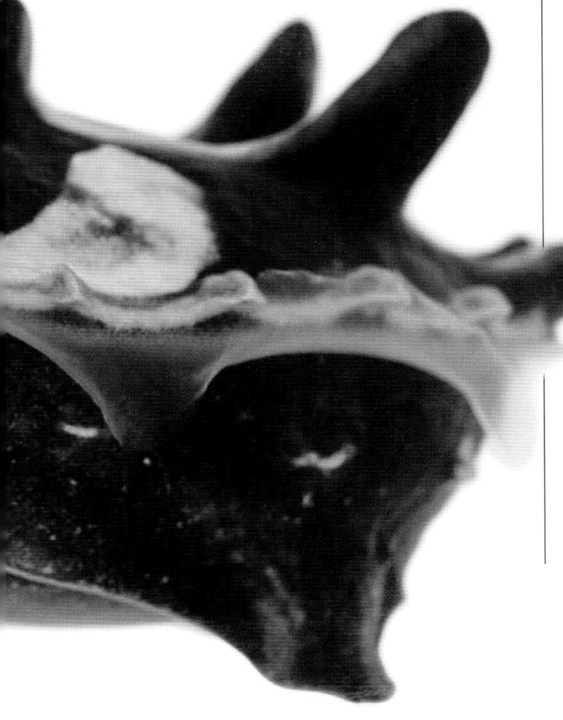

寿命	10〜12カ月
全長（雌）	腕の先から反対側の腕の先までの長さが約60cm
重さ（雌）	1〜1.5kg
生息域	カリブ海、フロリダ南部、南米北部の浅いサンゴ礁
食性	甲殻類、魚、二枚貝、蠕虫

ヒトの手と比べた大きさ

カリビアン・リーフ・オクトパスは、浅瀬のサンゴ礁に隠れながら日々を過ごしている。この身軽なタコは変装の名手で、鮮やかなオレンジやピンクから大理石のような茶色まで、体色を自在に変化させることができる。サンゴや岩、海草の色に擬態する万華鏡のような皮膚が、周囲の環境に継ぎ目なく溶け込むことを可能にしている。

Caribbean Reef Octopus

カリビアン・リーフ・オクトパス

Octopus briareus

夜になると、カリビアン・リーフ・オクトパスは狩りをするために巣穴を出て、骨のない体でサンゴの迷路に分け入り、蠕虫やカニなどの獲物を求めて身をくねらせながら移動する。

狩り場に着くと、傘膜をパラシュートのように広げて小さなコーラルヘッド（サンゴで覆われたコロニー）を覆い、油断している獲物を閉じ込めてしまう。次に、腕の先端を歯の細かいくしのように使い、あらゆる隙間をつついて蠕虫や甲殻類を探す。そうしてごちそうを隠れ家から取り出すと、強力な吸盤をベルトコンベアーのようにして餌をくちばしまで運ぶ。吸盤は強い力に耐え、しっかりつかむことができる。この吸盤のおかげで、カリビアン・リーフ・オクトパスは攻撃者に食べられないようしがみつくことも、滑りやすく捉えどころのない獲物をつかんで離さないことも可能だ。

Argonaut Octopus
(Paper Nautilus)

アオイガイ（ペーパー・ノーチラス）

Argonauta argo

寿命	不詳
全長	43cm
体重	30g
生息域	世界中の海洋の熱帯域 および亜熱帯域
食性	クラゲ、サルパ、甲殻類

ヒトの手と
比べた大きさ

アオイガイの雌は実に巧みなトリックで海から海へと漂流する。繊細な殻の中に身を押し込んだ状態で水面に浮上し、体を前後に揺すって新鮮な空気の泡を集めるのだ。殻の中に閉じ込める空気の量を調節することで浮力をコントロールし、大海原で無重力状態を保つ。それによってエネルギーが温存されると同時に、動きを制御することができる。

孵化してから数時間以内に、アオイガイの雌はパドルのような形をした1対の腕膜を使って薄い殻を作り始める。炭酸カルシウムを分泌し、体の周囲に繊細ならせん構造を構築するのだ。この構造は、浮力調整器として、さらには卵を入れて持ち運ぶ保育器として役立つ。

アオイガイの雄は殻を作らない。体長は雌の43センチに対してわずか2.5センチしかないが、雌に負けないくらい巧妙な生存能力を発揮する。サルパ（海を浮遊する半透明の管状生物）のようなゼラチン質の海洋生物の群れに避難所を見いだしたかと思えば、時にはクラゲの体の上に浮き、宿主のクラゲが敵や獲物を刺すのに使う触手に保護されながら成熟していき、交接腕を発達させる。

精莢が詰まったこの特殊な交接腕は、ビー玉大の体のほぼ半分を占めている。これまでアオイガイの交接を観察した者はいないが、科学者の間では、雄が雌に遭遇すると、自らの交接腕を切り離して雌の外套膜腔に挿し入れ、その後、老化と呼ばれる衰弱状態に入って死を迎えるとされている。

Hairy Octopus
ヘアリー・オクトパス

正式な学名は未記載

寿命	不詳
全長	5cm
体重	5g
生息域	カリブ海、フロリダ南部、南米北部の浅いサンゴ礁
食性	甲殻類、魚、二枚貝、蠕虫

ヒトの手と比べた大きさ

この小さな珍しいタコは、細かいがれき、小さな貝殻、岩、海底に散らばるサンゴの破片などが入り乱れた場所にすんでいる。乳頭状突起と呼ばれる繊細な毛に覆われた体は、潮の満ち干に乗って海洋をたゆたう。体長わずか5センチしかない、この毛羽立った生き物は、環境に継ぎ目なく溶け込むプロである。

ヘアリー・オクトパスは海の潮流に乗って移動する。潮の流れが望ましい方向に変わるのを待ってから、流れに乗り、まるで滑空するように次の場所へと移動するのだ。漏斗を使ったジェット推進で水中を進むこともできるが、海流を利用したステルス・アプローチのほうがエネルギーを節約できるうえ、カムフラージュも維持できる。潮流に運ばれるその姿は、ただの植物の束にしか見えない。白からクリーム色、茶色から赤、そしてその間に存在するあらゆる色合いに変化するカメレオンじみた能力を持つヘアリー・オクトパスは、まさにカムフラージュの名手であり、海底を浮遊する藻の塊とほとんど見分けがつかないことも珍しくない。

ヘアリー・オクトパスの目の回りでは、催眠効果のある白い光が放射される。科学的にはまだ解明されていないが、この魅惑的なディスプレーにはおそらく捕食者を威嚇するためと、獲物の意表をついて動揺させるためという二重の目的があるのだろう。

頭足類の中では比較的最近発見された種であるため、その生態や行動についてはまだ不明な点が多い。ペーパークリップほどの大きさしかないこの生き物は、海洋における未知の領域の広大さを再認識させるとともに、地球に生息する魅力的な生物たちをより深く理解するには継続的な探査が重要であることを、私たちに思い起こさせる。

Common Cuttlefish

ヨーロッパコウイカ

Sepia officinalis

寿命	1〜2年
全長（雌）	48cm
重さ（雌）	1.8〜3.6kg
生息域	地中海、北海、バルト海
食性	カニ、エビ、巻き貝、二枚貝、魚、ほかのコウイカ

ヒトの手と比べた大きさ

見る者を魅了してやまないヨーロッパコウイカは、謎めいた縞模様でカムフラージュされた外見の下に驚くべきメカニズムを隠している。自然の驚異とも言うべき体の中心をなすのは、内部にガスを封じ込めた甲（カトルボーン）で、コウイカはこの構造体を使って浮力をコントロールし、ホバリングや潜水を自在かつ正確に行うことができる。

カトルボーンの多孔質構造は、約20標準気圧（2027キロパスカル）、つまり1平方インチ（約6.5平方センチメートル）当たり約133キログラムという途方もない圧力に耐え、それでいて割れにくい。例えるなら金属発泡体の軽さとセラミック発泡体の強さの理想的な組み合わせであり、人間のエンジニアがうらやむ特性である。

コウイカの甲は液体を取り込んだり放出したりすることができ、それによって体の密度が変化する。海水よりも密度が高いとき生き物は潜水しやすくなり、海水よりも密度が低ければ浮き上がる。水中でホバリングしたいときは、望みの深さで海水の密度と平衡になるよう体密度を調節すればよい。

8本の腕に加えて2本の伸縮する長い触腕で狩りをするヨーロッパコウイカは、スピードと機敏さを兼ね備えている。そのう

え、餌となる甲殻類や小魚を探す間、皮膚の色や質感を変化させる。色素胞、白色素胞、虹色素胞がさまざまな色模様を織りなし、平時にはほかの個体とのコミュニケーションに役立ち、身の安全が脅かされたときにはカムフラージュを可能にする。生死に関わる局面となれば、墨を噴出して逃げることもある。

交配の季節になると、ヨーロッパコウイカの雌雄は色彩と仕草の複雑なダンスを繰り広げる。雄は専用の腕を使って雌に精子を渡し、受精すると、雌はインクのように黒い1円玉サイズの卵を海底に沈める。“胚期の学習”のおかげで、コウイカの赤ちゃんは自分を取り巻く環境について必要な予備知識を持った状態で孵化する。海中世界を独力で旅する準備は生まれたときから整っているわけだ。

California Two-Spot Octopus

カリフォルニア・ツースポット・オクトパス

Octopus bimaculoides

寿命	2年
全長	約58cm
重さ	約900g
生息域	カリフォルニアおよび バハカリフォルニアの沿岸水域
食性	スナメリ、クロアワビ、巻き貝、 二枚貝、ヤドカリ、小魚

ヒトの手と比べた大きさ

カリフォルニア・ツースポット・オクトパスの最も印象的な特徴は、頭の両側にある鎖のような模様を描く青い輪だ。この模様が動物の目のように見えるため、攻撃に弱い本当の目から捕食者の注意を逸

らす効果がある。眼状紋と呼ばれるまばゆいブルーの輪は宝石のように見る者を魅了し、危険な相手から逃げる時間や、体色を変えて周囲に溶け込む時間を稼いでくれる。

カリフォルニア･ツースポット･オクトパスの出産は劇的で困難に満ちている。雌は1度に800個もの卵を産み、それらが孵化して稚仔が生まれると、研究者たちが「死のスパイラル」と呼ぶ状態に陥る。

稚仔が海底で生活を始めると、母ダコは腕をねじり合わせたり、自分の体を切り刻んだりし始めるかもしれない。産卵後の過酷な期間に雌が自分の腕の先端を食べるのを、研究者が観察した例もある。タコの共食いは特に珍しくないが、自己共食い（セルフカニバリズム）は異例と考えられている。

このような変化を経験した雌を化学分析したところ、視柄腺（頭足類の脳と視葉の間にある内分泌腺）から7-デヒドロコレステロール（7-DHC）と呼ばれるコレステロール前駆体が放出されていることが分かった。人間の場合、7-DHCの濃度が高くなると、スミス・レムリ・オピッツ症候群という珍しい病気になり、自傷行為などの症状が現れる。この化学物質がカリフォルニア・ツースポット・オクトパスの母ダコにも同様の影響を及ぼすのではないかと、研究者は推測している。

Dumbo Octopus
ダンボ・オクトパス

Grimpoteuthis spp.

寿命	3〜5年	ヒトの手と比べた大きさ
全長	20〜30cm	
体重	不詳	
生息域	大西洋の熱帯域および亜熱帯域	
食性	蠕虫、二枚貝、カイアシ類、等脚類、端脚類	

ダンボ・オクトパスは水深約5000メートルの下部漸深海底帯や深海底帯など、タコとしては最も深い層に生息している。動物の耳のような形をした鰭(ひれ)は、有名な空飛ぶゾウを連想させる。そして、その名の由来となったキャラクターと同じように、ダンボ・オクトパスは"耳"を使って動き、それをはためかせて水中を進む。

ダンボ・オクトパスが暮らす漆黒の世界では、深海底帯の最深部で約600気圧（6万0810キロパスカル）、すなわち1平方インチ（約6.5平方センチメートル）当たり約4000キログラムという巨大な圧力がかかるため、生物はまばらにしかいない。ダンボ・オクトパスの釣鐘形をした半ゼラチン状の体は、暗い深海で効率的に移動することを可能にする。また、腕の間にある傘膜は移動と獲物の捕獲、両方に役立つ。外套膜の中にある小さなU字型の軟骨が頭部の筋肉質な鰭を支え、遊泳能力を高めている。

ダンボ・オクトパスの腕には吸盤が1列しかないが、それと並んで棘毛(きょくもう)と呼ばれる指のような付属器官がある。この棘毛で小さな獲物を器用に扱ったり、水流を生み出して餌を口に誘導したりできる。棘毛には化学受容器が備わっているため、暗闇で獲物を追跡するのに重要な化学的手がかりを感知することも可能だ。

ダンボ・オクトパスの雄は、型破りな方

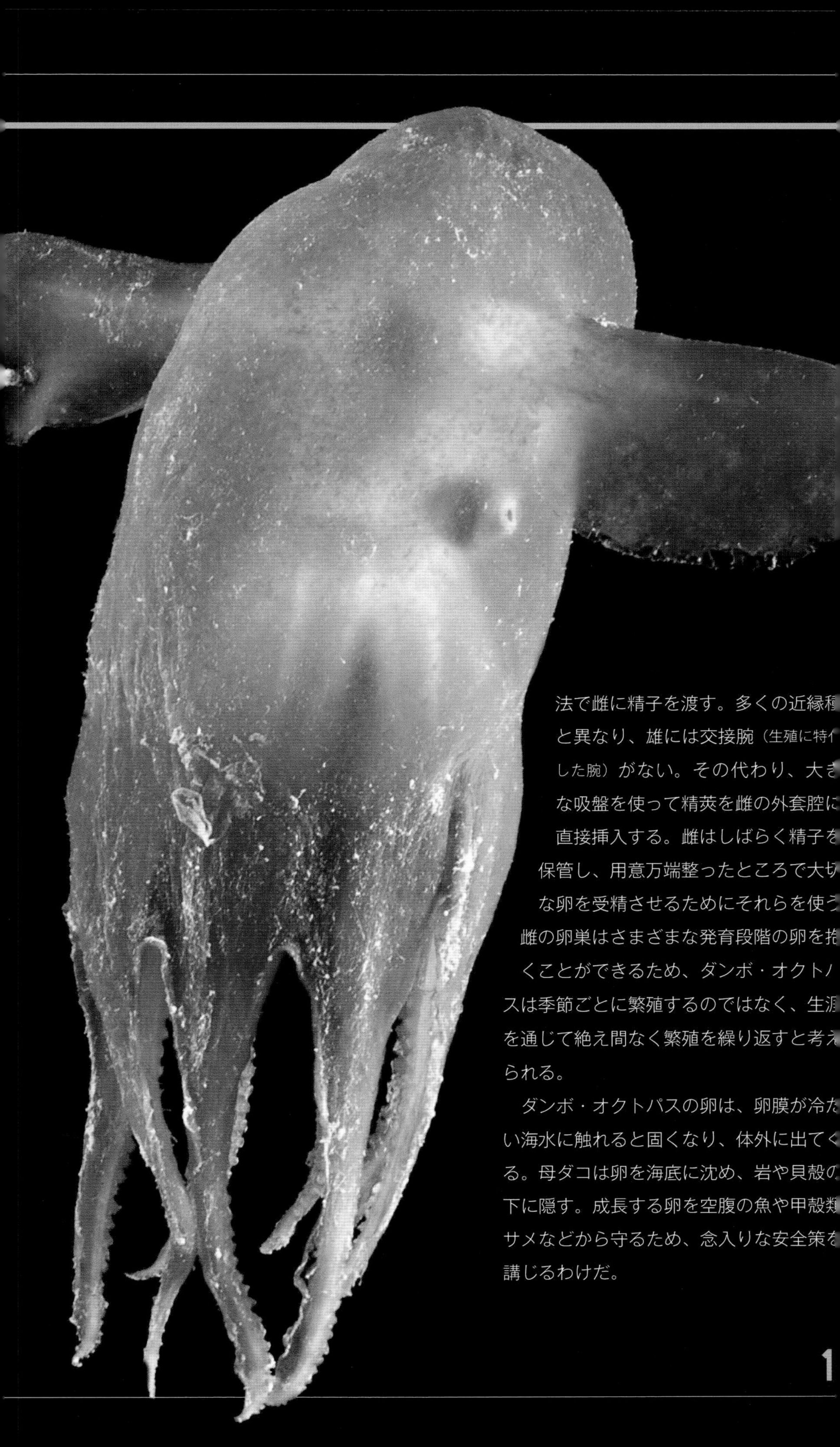

法で雌に精子を渡す。多くの近縁種と異なり、雄には交接腕（生殖に特化した腕）がない。その代わり、大きな吸盤を使って精莢を雌の外套腔に直接挿入する。雌はしばらく精子を保管し、用意万端整ったところで大切な卵を受精させるためにそれらを使う。雌の卵巣はさまざまな発育段階の卵を抱くことができるため、ダンボ・オクトパスは季節ごとに繁殖するのではなく、生涯を通じて絶え間なく繁殖を繰り返すと考えられる。

ダンボ・オクトパスの卵は、卵膜が冷たい海水に触れると固くなり、体外に出てくる。母ダコは卵を海底に沈め、岩や貝殻の下に隠す。成長する卵を空腹の魚や甲殻類、サメなどから守るため、念入りな安全策を講じるわけだ。

Mimic Octopus

ミミック・オクトパス

Thaumoctopus mimicus

寿命	1～2年
全長	48cm
体重	不詳
生息域	南西太平洋の熱帯域および紅海
食性	蠕虫、甲殻類、魚

ヒトの手と
比べた大きさ

遊泳生活を送るミミック・オクトパスは、水深の浅い沿岸海域の、沈泥や砂などの軟らかい堆積物環境に生息する。そうした特殊な環境に適応したミミック・オクトパスは、長く器用な腕で砂を掘って巣穴を作るか、またはカニや魚、蠕虫などが作った既存の巣穴に侵入する。こうした一時的なすみかは、採餌と探索という日々の仕事を始めるときの拠点となる。

ミミック・オクトパスは毎日何度か狩りに出かけ、浅い海底に生息する蠕虫、棘皮動物、甲殻類、魚類といった種々雑多な餌を探す。タコを食べる捕食者が近くをうろついていることもあるが、その場合はユニークな変身能力で敵を惑わす。

ミミック・オクトパスはヒラメやイソギンチャクなど、少なくとも15種類の海の生物の外見、泳ぐときの動きを真似ることで知られている。体を筒状にすぼめ、毒を持つウミヘビの巻きつくような動きを再現することもある。縞模様の腕がとぐろを巻いたヘビのようにうねるのを見て、ひるむ敵もいるかもしれない。あるいは、ミノカサ

ゴの形状になり、腕を頭部の後ろになびかせて、ミノカサゴの毒鰭に似たシルエットを作り出すこともある。

　ミミック・オクトパスは体色までほかの生き物に似せることができるため、捕食者はおいしいタコを見つけたのか、それともおいしくない――あるいは毒を持つ生物を見つけたのか自信を持てなくなる。また、真に厳しい状況に陥ると、ミミック・オクトパスは環境と一体化してしまう。肌の色や質感を変えて、きらきら光るざらついた海底そっくりに化けることができるのだ。

謝辞

本書に取り組むことは喜びだった。本書で言及したすべての科学者、ダイバー、映画製作者、水族館飼育員に感謝している。彼らから多くのことを教わった。わざわざ時間を割いて（場合によっては何度も）話を聞かせてくれた方々、私が彼らの魅力あふれる仕事を正確に紹介しているかどうかを確かめるため、さまざまな形の原稿に快く目を通してくれた皆さんには、心から恩義を感じている。

この本が野生生物科学者アレックス・シュネルによる壮麗な序文で始まり、私の友人でありOctoNationの創設者であるウォーレン・カーライルによる素晴らしい「オクトプロファイル」で締めくくられることを光栄に思う。私たちの名前が一緒に載っていることがとても嬉しい。

同様に、ナショナル ジオグラフィックとSeaLight Picturesの仲間たちにも感謝を捧げたい。両組織で私が関わった人はみな、たんに聡明なだけでなく、圧倒されるほど協力的で、勇気を与えてくれた。これほど豪華な本に仕上げてくれたこと、また、輝かしい映像シリーズを制作してくれたことにお礼を申し上げる。

この企画でナショナル ジオグラフィックと私をつないでくれた素晴らしい文芸エージェント、モリー・フリードリックとヘザー・カーの両名にも感謝を捧げる。夫で作家のハワード・マンスフィールドにも。（もし私にもタコのように心臓が3つあったら、そのすべてはあなたのものよ！）

そして最後に、2011年にアテナと出会って以来、野生か飼育下かを問わず、めぐり合う機会に恵まれたすべてのタコたちにお礼を言いたい。本書はあの子たちのために書いたものだ。この驚くほど賢く繊細な動物について広く認知されることで、タコの——そしてあらゆる場所に生きるあらゆる生き物の福祉を向上させようという気運が盛り上がることを、私は願ってやまない。

Illustrations Credits

Cover and back cover, David Liittschwager/National Geographic Image Collection; 2-3, Laurent Ballesta, Gombessa Expeditions, Andromède Océanologie; 4, Alex Mustard/NPL/Minden Pictures; 6-7, Gabriel Barathieu/Biosphoto/Minden Pictures; 8-9, Enric Sala/National Geographic Image Collection; 10, Alex Mustard/Nature Picture Library; 16-7, Steven Kovacs/Biosphoto/Minden Pictures; 18, Katherine Lu; 23, David Fleetham/Nature Picture Library; 26-7, Alex Mustard/Nature Picture Library; 28, Gary Bell/Oceanwide Images; 31, Magnus Lundgren/NPL/Minden Pictures; 34-5, Solvin Zankl/Nature Picture Library; 38, Ellen Muller; 40-1, David Hall/Nature Picture Library; 42, Andre Johnson; 44 and 45, David Liittschwager/National Geographic Image Collection; 48, Alex Mustard/Nature Picture Library; 52-3, Paulo de Oliveira/Biosphoto; 57, David Fleetham/Stocktrek Images/Biosphoto; 60-1, Gabriel Barathieu/Biosphoto/Minden Pictures; 63, William Gladstone; 66-7, Ernie Black - @ernieblackphoto; 72, Sergio Hanquet/Biosphoto/Alamy Stock Photo; 74-5, Hidde Juijn @octoparazzo; 76, Gabriel Barathieu/Biosphoto/Minden Pictures; 81, SeaTops/Alamy Stock Photo; 84-5, Richard Herrmann/Minden Pictures; 89, GBH Archives; 93, WaterFrame/Alamy Stock Photo; 96-7, David Scheel; 100, Douglas Seifert; 104-5, Andrey Nekrasov/Alamy Stock Photo; 108-9, Franco Banfi/Biosphoto; 110, David Fleetham/Alamy Stock Photo; 115, David Liittschwager/National Geographic Image Collection; 118-9, Fred Bavendam/Nature Picture Library; 123, Ellen Muller; 124, David Scheel; 128-9, Greg Lecoeur; 131, Michael Amor/Alamy Stock Photo; 134-5, Justin Gilligan; 138, Franco Banfi/WaterFrame - Agence/Biosphoto; 140-1, Kaspa Blewett/snorkeldownunder; 142, Douglas Seifert; 146, Magnus Lundgren/Nature Picture Library; 152-7, David Liittschwager/National Geographic Image Collection; 158-9, Constantinos Petrinos/NPL/Minden Pictures; 160-1, Joel Sartore/National Geographic Photo Ark, photographed at the Alaska SeaLife Center; 162-5, David Liittschwager/National Geographic Image Collection; 166-7, Magnus Lundgren/NPL/Minden Pictures; 168-9, Joel Sartore/National Geographic Photo Ark, photographed at the Dallas World Aquarium; 170-1, David Liittschwager/National Geographic Image Collection; 172-3, Magnus Lundgren/Nature Picture Library; 174-5, Fred Bavendam/Nature Picture Library; 176-7, Joel Sartore/National Geographic Photo Ark, photographed at Riverbanks Zoo and Garden; 178-9, David Liittschwager/National Geographic Image Collection; 180-1, David Shale/Nature Picture Library; 182-3, Jeff Rotman/Nature Picture Library; 190 (UP), David Scheel; 190 (CTR), Annette Matthews Photography - Dallas, TX; 190 (LO), Harriet Spark.

索引

太字の数字は図版の掲載があるページを示す。

あ行

か行

さ行

た行

な行

は行

ま行

や行

ら行

わ行

学名索引

著者紹介

サイ・モンゴメリー

Sy Montgomery

ナチュラリストであり、全米図書賞最終候補作となった『愛しのオクトパス　海の賢者が誘う意識と生命の神秘の世界』（亜紀書房）や近著『Of Time and Turtles』など、30冊以上の大人・子ども向けノンフィクションの著者。ザイールのシルバーバック・ゴリラ、コスタリカの吸血コウモリ、アマゾンのイルカ、パプアニューギニアのキノボリカンガルーなど、多くの動物に冒険を通じて出会う。夫で作家のハワード・マンスフィールド、ボーダーコリーのサーバーとともに米国ニューハンプシャー州で暮らしている。

ウォーレン・カーライル4世
Warren K. Carlyle IV

100万人以上の会員を擁する非営利団体OctoNationの創設者兼CEOであり、タコに関する知識を世界に広めることで人々に海の驚異を感じてもらう活動を続けている。コミュニティー形成における彼の功績は、米国の国際的・学際的専門家協会Explorers Club、バイラル・ニュースキュレーション・サイトのUpworthy、米国テキサス州で開催される複合イベントのサウス・バイ・サウスウエスト（SXSW）で紹介された。テキサス州オースティン在住。

アレックス・シュネル博士
Alex Schnell, Ph.D.

ナショナル ジオグラフィック協会のエクスプローラーであり、同協会が贈るウェイファインダー賞の2023年受賞者、そしてナショナル ジオグラフィックのシリーズ『解明！　神秘なるオクトパスの世界』のプレゼンターでもある。野生生物科学者として、またケンブリッジ大学比較認知研究所のリサーチ・アソシエイト（研究員）として、タコやコウイカなどの頭足類を研究している。オーストラリアのレイク・マクウォーリ在住。

［訳者］
定木大介
Daisuke Sadaki

翻訳業。早稲田大学法学部中退。訳書にデイヴィッド・マレル著『苦悩のオレンジ、狂気のブルー』（柏艪舎）、デイヴィッド・アリグザンダー著『絞首人の一ダース』（論創社）、クリスティ・ゴールデン著『ウォークラフト』（SBクリエイティブ）、スサンナ・コッティカ、ルカ・パパレッリ著、末崎真澄監修『世界の馬 伝統と文化』（緑書房）マシュー・L・トンプキンス著『トリックといかさま図鑑 奇術・心霊・超能力・錯誤の歴史』（日経ナショナル ジオグラフィック）、ジョン・ウィッティントン著『暗殺から読む世界史』（東京堂出版）ほか。

［日本語版監修者］
池田譲
Yuzuru Ikeda

琉球大学理学部教授。北海道大学大学院水産学研究科博士課程修了。博士（水産学）。社会性とコミュニケーションを中心とした頭足類の行動学、養殖化を意図した頭足類の飼育学を研究している。著書に『タコのはなし―その意外な素顔―』（成山堂書店）、『タコは海のスーパーインテリジェンス：海底の賢者が見せる驚異の知性』（DOJIN選書）、『イカの心を探る 知の世界に生きる海の霊長類』（NHKブックス）など多数。

ナショナル ジオグラフィック パートナーズは、ウォルト・ディズニー・カンパニーと
ナショナル ジオグラフィック協会によるジョイントベンチャーです。
収益の一部を、非営利団体であるナショナル ジオグラフィック協会に還元し、
科学、探検、環境保護、教育における活動を支援しています。

このユニークなパートナーシップは、未知の世界への探求を物語として伝えることで、
人々が行動し、視野を広げ、新しいアイデアやイノベーションを起こすきっかけを提供します。

日本では日経ナショナル ジオグラフィックに出資し、
月刊誌『ナショナル ジオグラフィック日本版』のほか、書籍、ムック、
ウェブサイト、SNSなど様々なメディアを通じて、「地球の今」を皆様にお届けしています。

nationalgeographic.jp

神秘なるオクトパスの世界

2024年4月15日　第1版1刷

著者 ―――――― サイ・モンゴメリー
訳者 ―――――― 定木大介
日本語版監修 ―――――― 池田譲（琉球大学理学部教授）
編集 ―――――― 尾崎憲和　川端麻里子
編集協力・制作 ―――――― リリーフ・システムズ
デザイン ―――――― 三浦裕一朗（文々研）
発行者 ―――――― 田中祐子
発行 ―――――― 株式会社日経ナショナル ジオグラフィック
〒105-8308　東京都港区虎ノ門4-3-12
発売 ―――――― 株式会社日経BPマーケティング
印刷・製本 ―――――― 日経印刷

ISBN 978-4-86313-610-6　Printed in Japan

乱丁・落丁本のお取替えは、こちらまでご連絡ください。
https://nkbp.jp/ngbook